Wagen

Zu den ältesten Doppelstockwagen im Bestand der DBAG zählen die Wendezug-Steuerwagen der Bauart DABbuzf 777 mit ihrer markant steilen Stirnwand. Es handelt sich hierbei um Umbauwagen, die noch aus dem Bestand der Deutschen Reichsbahn der ehemaligen DDR stammen.

Michael Dostal

Wagen

Reisezug- und Güterwagen der Deutschen Bahn

GeraMond

Impressum

Ein kostenloses Gesamtverzeichnis erhalten Sie beim
GeraMond Verlag
D-81664 München

Unser komplettes Programm:

www.geramond.de

Produktmanagement: Lothar Reiserer
Lektorat: Michael Dörflinger, Martin Distler
Layout: BUCHFLINK Rüdiger Wagner, Nördlingen
Repro: Scanner Service S.r.l.
Herstellung: Thomas Fischer
Printed in Italy by Printer Trento S.r.l.

Alle Angaben dieses Werkes wurden vom Autor sorgfältig recherchiert und auf den aktuellen Stand gebracht sowie vom Verlag geprüft. Für die Richtigkeit der Angaben kann jedoch keine Haftung übernommen werden. Für Hinweise und Anregungen sind wir jederzeit dankbar. Bitte richten Sie diese an:

GeraMond Verlag
Lektorat
Innsbrucker Ring 15
D-81673 München
e-mail: lektorat@geranova.de

Titelbilder:
Vorderseite – Michael Dostal
Rückseite – Michael Dostal

Die Deutsche Bibliothek – CIP Einheitsaufnahme
Ein Titeldatensatz für diese Publikation ist bei der Deutschen Bibliothek erhältlich.

ISBN 3-7654-7119-4

Vorwort

Der Wagenpark der Deutschen Bahn AG hat sich in den letzten Jahren grundlegend verändert. Durch den vermehrten Einsatz von ICE-Zügen im schnellen Reiseverkehr und den permanenten Neubau von Diesel- und Elektrotriebwagen für den Nahverkehr konnte der Bestand an Reisezugwagen deutlich verringert werden.

Klassische Fahrzeuge aus der Bundesbahn-Ära, wie Abteilwagen 2. Klasse und nicht modernisierte Nahverkehrswagen der Silberling-Bauart sind weitgehend von den Gleisen verschwunden. Dafür trifft man nicht nur auf neu gebaute Doppelstockwagen für den Berufsverkehr in Ballungsräumen, sondern auch auf zahlreiche Umbauwagen, die den gestiegenen Ansprüchen in Sachen Technik, Umweltschutz und Komfort gerecht werden.

Auch der Güterwagenpark ist ständigen Wandlungen unterworfen. Zu den Raritäten in Güterzügen heutiger Tage zählen die klassischen, zweiachsigen offenen Güterwagen ebenso wie deren geschlossene Pendants mit dem charakteristischen Runddach. An ihre Stelle sind Spezialwagen für alle möglichen Ladegüter getreten: Wagen mit Schiebewänden, öffnungsfähigen Dächern, Planen- und Rollovorhängen sowie Trag- und Taschenwagen zur Aufnahme von Container und Sattelzügen.

Dieses Taschenbuch porträtiert die verschiedenen Wagengattungen der DBAG, stellt ihre Entstehung dar und informiert über die wichtigsten technischen Daten. Unterbauarten finden im Text ebenso Erwähnung wie besondere Einsatzkriterien und -bereiche.

Avmz 108, Avmz 109

Die Avmz 111 der DB AutoZug trugen 2005 die Lackierung mit weißem Wagenkasten und rotem Fensterband. Die Aufnahme zeigt den Avmz 111, Nummer 61 80 19-90 016-4.

Mitte der 1970er-Jahre beschlossen sechs europäische Bahnverwaltungen unter Federführung der EUROFIMA, baugleiche Reisezugwagen zu beschaffen. Sie strebten damit einen über Ländergrenzen einheitlich hohen Komfort an.

Entwicklung. Die Deutsche Bundesbahn hatte schon 1962 ihre klimatisierten Abteilwagen in Dienst gestellt, um dem hohen Komfortanspruch der TEE-Züge gerecht zu werden.

Der Erfolg der neuen Züge veranlasste sie, eine größere Stückzahl der Bauart Avmz 111, wie die Av4üm-62 ab 1966 hießen, zu beschaffen.

Bis 1972 wurden insgesamt 267 Wagen mit kleinen Detailunterschieden geliefert. So waren die Dachenden der bis 1965 gebauten Exemplare abgerundet. Die ab 1972 montierten Klapptrittstufen wurden später bei allen Fahrzeugen nachgerüstet.

Ende 2005 war etwa die Hälfte der Wagen ausgemustert. Einige waren an andere Eisenbahnunternehmen verkauft oder als Museumswagen vom DB-Museum übernommen worden.

Von den verbliebenen Fahrzeugen wurden ca. 100 noch einmal modernisiert und als Avmz 109 im DB-Wagenpark geführt.

1977 begann die Lieferung der 1.-Klasse-EUROFIMA-Wagen. Die 100 von LHB gefertigten Fahrzeuge bekamen die Bezeichung Avmz 207.

Im AW Krefeld-Oppum wurden 71 Fahrzeuge druckertüchtigt, damit sie auch auf Schnellfahrstecken eingesetzt werden können. Sie wurden unter der Gattung Avmz 107 eingereiht, ihre laufende Nummer wurde dabei um 200 erhöht. Sechs Wagen wurden für die Touristik-Züge umgebaut und als Bvmk 856 bezeichnet.

Ende 2005 waren alle noch vorhanden Wagen der Bauarten 207 und 107 den aktuellen Bedürfnissen angepasst und als Bauart Avmz 108 bei der DB Fernverkehr zu finden.

Wagenbau. Die Avmz 109 laufen auf Drehgestellen der Bauart MD 36, wäh-

Die Wagen der Bauart Avmz 108 entsprechen der Bauart EUROFIMA, die in verschiedenen europäischen Staaten anzutreffen ist (Avmz 107, 73 80 19-90 720-8).

rend die Drehgestelle der Avmz 108 zur Bauart Fiat Y 0270 S gehören. Beide Bauarten haben Scheiben- und Magnetschienenbremsen.

An den Stirnseiten schließen druckertüchtigte Übergänge der Bauart SIG und zweiflügelige Schiebetüren die Stirnübergänge ab.

Während bei den Avmz 109 Drehfalttüren an den Längsseiten in die Wagen führen, wurden bei den Avmz 108 Schwenkschiebetüren mit Druckknopfbedienung verwendet.

Innenraum und Elektrik. Die Wagen bieten neun geschlossene Abteile mit je sechs Einzelsitzplätzen. Der Seitengang und die Abteile sind mit Teppichboden ausgelegt. An den Wagenenden sind zwei geräumige Toiletten untergebracht.

Die Fahrzeuge bekommen ihre Energie über die Zugsammelschiene. Alle Avmz 108 sind Mehrspannungswagen, die mit unterschiedlichen Spannnungen versorgt werden können.

Eine Einkanal-Klimaanlage übernimmt die Belüftung.

Beleuchtet werden die Wagen mit Leuchtstofflampen. Für die Notbeleuchtung stehen Glühlampen zur Verfügung.

Alle Fahrzeuge haben für den Einsatz in Wendezügen neben der zwölfpoligen Durchgangsleitung eine Steuer- und eine Hauptluftbehälterleitung.

TECHNISCHE DATEN		
Länge über Puffer		26.400 mm
Wagenkastenbreite		2.825 mm
Wagenhöhe über SO		4.050 mm
Dienstmasse	Avmz 108	47.000 kg
	Avmz 109	44.000 kg
Drehgestellbauart	Avmz 108	Fiat Y 0270 S
	Avmz 109	MD 36
Höchstgeschwindigkeit		200 km/h
Bremse		‹R› KE-GPR-Mg (D) ep*
Abteile		9
Sitzplätze		54
Heizung		Klimae
Erstes Baujahr	Avmz 108 (als 207)	1977
	Avmz 109 (als 111)	1962

*ep nur bei Avmz 108

Die Form und die Inneneinrichtung der Steuerköpfe entsprechen denjenigen der IC-Steuerwagen der Bauart Bpmbdzf 296 (Apmbzf 116.8, 70 80 80-95 713-5).

Im Sommer 1999 richtete die DB eine hochwertige Direktverbindung von Hamburg über das Ruhrgebiet nach Köln ein. Für diese Züge wurden die Wagen der Bauart Apm 116 in Dienst gestellt.

Entwicklung. Vermarktet wurde das Angebot von der eigens dafür gegründeten DB-Tochter „Metropolitan GmbH", die dem Zug ihren Namen gab.

Die beiden eingesetzten Züge bestanden aus je sieben Wagen und einer Ellok der Baureihe 101. Die Wagengarnituren sollten im Betrieb nicht getrennt werden. Sie haben jeweils einen Endwagen mit normaler Schraubenkupplung und einen Steuerwagen.

Einige Jahre später wurde die Verbindung eingestellt und die Wagen in den normalen Park der DB Fernverkehr übernommen. Die Garnituren blieben zwar zusammen, bekamen aber den üblichen weißen Anstrich. Sie werden mit unterschiedlichen Lokomotiven eingesetzt.

Wagenbau. Die neu gebauten Drehgestelle sind eine Gemeinschaftsentwicklung von Fiat und SIG. Mit ihrer Luftfederung eignen sie sich für eine Höchstgeschwindigkeit von 220 km/h.

Die Schwenkschiebetüren wurden aus den Türen des ICE weiterentwickelt. Die Stirnübergänge der Firma Hübner in Kassel entsprechen ebenfalls der ICE-Bauart.

Untereinander sind die Wagen über eine Mittelpufferkupplung verbunden, die auch die elektrischen Verbindungen und die Bremsleitungen kuppelt.

Innenraum. Die fünf Unterbauarten zeigen drei verschiedene Aufteilungen der Innenräume. So sind in den reinen Sitzwagen (Apmz 116.0, 116.2 und 116.4) 57 Plätze zu finden. Wagen mit einer Galley (Apmkz 116.6) bieten Sitzplätze für 39 Personen und im Steuerwagen (Apmbzf 116.8) können 45 Reisende Platz nehmen. Die Polster auf den Holzschalen der Sitze sind mit schwarzem Leder bezogen. Jeder Reisende kann einen Klapptisch in der Rückenlehne des Vordersitzes benutzen. Die Wagen drei und sechs haben eine

Durchlaufende Fensterbänder und Einstiegstüren ohne Trittstufen kennzeichnen das Äußere der ehemaligen „Metropolitan"-Wagen (Apmkz 116.6, 70 80 85-95 710-6).

Galley, von der aus die Reisenden am Platz mit Speisen und Getränken versorgt werden.

Im Steuerwagen ist außer dem Führerraum auch die behindertengerechte Toilette mit einem Wickeltisch zu finden. **Elektrik.** Ein modulares elektrisches Energieversorgungssystem führt den Strom aus der Zugsammelschiene den Verbrauchern zu. Dazu gehört unter anderem ein Fahrgastinformationsystem mit Audioanschlüssen und Videobildschirmen an den Plätzen der Wagen 6 und 7. Außerdem sind an allen Sitzplätzen Steckdosen zu finden, an denen elektrische Geräte wie Laptops betrieben werden können.

Eine Klimaanlage sorgt für angenehme Temperaturen in den Innenräumen.

Die indirekte Beleuchtung mit Wand- und Deckenfluter verbreitet sehr angenehmes Licht in den Fahrgasträumen. Jeder Sitzplatz verfügt zusätzlich über eine einzeln schaltbare Leseleuchte.

Im Servicewagen, dem Wagen 4, musste eine Toilette dem Funktionsraum für das Zugpersonal weichen. Hier befindet sich die Zentrale mit der das Audiosystem bedient wird. Ferner sind hier u. a. ein Fax-Gerät und eine Notfallausstattung zu finden.

Alle Wagen sind mit einer Datenübertragungsmöglichkeit auf Basis des Train Communication Network (TCN) ausgestattet, die die Kontrolle und Steuerung der elektrischen Einrichtungen sowie deren Diagnose zulässt.

TECHNISCHE DATEN		
Länge über Puffer		26.400 mm
Wagenkastenbreite		2.824 mm
Wagenhöhe über SO		4.050 mm
Dienstmasse (Mittelwert)		55.000 kg
Drehgestellbauart		Fiat SIG 720, 721, 722
Höchstgeschwindigkeit		220 km/h
Bremse		‹R› KE-R-Mg (D) ep
Großräume		1
Sitzplätze	Mittelwagen	57
	Galleywagen	39
	Steuerwagen	45
Heizung		Klimae
Erstes Baujahr		1997

Apmz 119, Apmz 125, Apmz 127

Den Apmz 121, 61 80 18-94 010-5, übernahm die DB in ihren Museumsbestand. Er wird mit der E 03 001 und weiteren Apmz 121 als Nostalgie-TEE eingesetzt.

Für den TEE „Rheingold“ beschaffte die DB 1962 die ersten klimatisierten Großraumwagen der Bauart Apmz 121. Sie kamen bei den Fahrgästen so gut an, dass ab 1975 die Apmz 122 entstanden.

Entwicklung. Mit den Großraumwagen nahm die DB 1962 eine neue Wagengattung in ihren Park auf. Zunächst wurde eine Bauserie für TEE-Züge beschafft und als Gattung Ap4üm-62 (Apmz 121) bezeichnet. Wegen der guten Akzeptanz folgten weitere Lieferungen bis 1973.

1975/76 wurde als Weiterentwicklung die Gattung Apmz 122 in Dienst gestellt. Ab 1988 für den Einsatz auf Neubaustrecken umgerüstet, wurde sie in Apmz 117 umgezeichnet. Geliefert wurden die 100 Wagen der Gattung Apmz 121 von Credé, MAN und Wegmann. Die Lieferung der 35 Apmz 117 übernahmen die Waggon-Union und Wegmann.

Durch das Ausscheiden einiger Apmz 121 entstand Mitte der 1980er-Jahre bei der DB ein Mangel an klimatisierten Großraumwagen 1. Klasse. Deshalb wurde beschlossen, aus der laufenden Produktion der 2.-Klasse-Wagen Bauart Bpmz 291 sieben Stück herauszunehmen, um sie bei LHB als 1.-Klasse-Fahrzeuge ausstatten zu lassen.

Inzwischen wurden alle drei Bauarten überarbeitet und bekamen von der DB Fernverkehr neue Bauartnummern zugewiesen. Die Apmz 121 gingen in die Bauart Apmz 125 über. Aus den Apmz 117 wurden die Apmz 127 und die Apmz 123 heißen seither Apmz 119.

Wagenbau. Die Bauarten Apmz 125 und 127 laufen auf Drehgestellen der Bauart MD 36 mit Scheiben- und Magnetschienenbremse. Die Apmz 127 sind zusätzlich mit einer elektropneumatischen Bremse und einer Notbremsüberbrückung ausgerüstet. Zwei Wagen haben MD-52-Drehgestelle mit Stahlfederung und mechanischer Drehhemmung, wie sie auch für die Apmz 119 verwendet wurden.

Als Bremse dient eine kombinierte Scheiben- und Magnetschienenbrem-

Die Apmz 127 wurden ab 1975 als Apmz 122 bei WU in Berlin und bei Wegmann in Kassel gebaut. Zwischenzeitlich trug diese Bauart die Bezeichnung Apmz 117.

se. Im Rahmen des Umbaus zur Druckertüchtigung wurde eine elektropneumatischen Bremse nachgerüstet.

Während die Wagenübergänge bei den Apmz 125 noch mit Gummiwülsten gesichert werden, haben die Apmz 119 und 127 für den Einsatz auf Neubaustrecken druckertüchtigte Übergänge der Bauart SIG.

Die Apmz 125 sind mit Drehfalttüren ausgerüstet, bei den Apmz 119 und 127 griff man auf Schwenkschiebetüren zurück.

Innenraum und Elektrik. Der Fahrgastraum ist als Großraum ohne Trennwand mit 16 (Apmz 125) bzw. 17 (Apmz 119, Apmz 127) Sitzreihen mit je drei drehbaren Einzelsitzen ausgestattet. Neben einer Reihenbestuhlung können auch abteilähnliche Sitzgruppen eingerichtet werden. Die Reisenden betreten die Wagen durch Einstiegsräume an den Enden. Dort sind Toiletten und bei den Apmz 125 und 127 die Gepäckablagen zu finden. In den Apmz 119 können Reisende ihr Gepäck über den Seitenfenstern ablegen.

Die Energieversorgung erfolgt über die Zugsammelschiene. Beleuchtet werden die Wagen mittels Leuchtstofflampen. Leseleuchten und Durchgangsleitung sind vorhanden.

TECHNISCHE DATEN		
Länge über Puffer		26.400 mm
Wagenkastenbreite		2.825 mm
Wagenhöhe über SO		4.050 mm
Dienstmasse	Apmz 125	44.000 kg
	Apmz 127	47.000 kg
	Apmz 119	46.000 kg
Drehgestellbauart	Apmz 125, 127	MD 36
	Apmz 119	MD 52
Höchstgeschwindigkeit		200 km/h
Bremse		‹R› KE-GPR-Mg (D) ep*
Großräume		1
Sitzplätze	Apmz 119, 127	51
	Apmz 125	48
Heizung		Klimae
Erstes Baujahr	Apmz 125 (als 121)	1962
	Apmz 127 (als 122)	1975
	Apmz 119 (als 123)	1985

WRmh 132, WRmz 134, WRmz 137

Die Speisewagen WRmz 134 entstanden durch Umbau aus den WRmz 135 (61 80 88-90 500-4, 19. September 2003).

Für den Einsatz im internationalen TEE- und Schnellzugverkehr beschaffte die DB 1964 die ersten einstöckigen Speisewagen mit einer Länge von 27.500 mm.

Entwicklung. Bis 1968 wurden 27 WRmh 132 gebaut. Ab 1969 folgte eine zweite Bauserie mit dem selben Grundriss, die sich jedoch in der technischen Ausstattung von den Vorgängern unterschied. So waren uunter anderem eine zentrale Energieversorgung und ein Dachstromabnehmer montiert. Diese Wagen wurden als WRmz 135 eingeordnet.

Mitte der 1980er-Jahre benötigte die DB druckertüchtigte Speisewagen für den Einsatz auf Schnellfahrstrecken. Weil die vorhandenen Speisewagen nicht umgebaut werden konnten, ließ man die bei den Reisenden wenig beliebten und deshalb abgestellten Selbstbedienungswagen der Gattung WRbumz 139 „Quick-Pick“ ab 1988 zu druckertüchtigten Speisewagen mit einem Restaurant und einem „Bord-Treff“ umrüsten.

Nachdem 40 Serienfahrzeuge zu Einspannungswagen (WRmz 137) umgebaut waren, folgten drei ursprünglich als

Mehrspannungswagen (WRmz 137.1) ausgeführte Prototypen. Sie sind von außen am fehlenden Stromabnehmer zu erkennen.

Mitte der 1990er-Jahre entsprach die Bauart WRmz 135 nicht mehr den Anforderungen der Zeit. Weil die DB noch nicht auf die Wagen verzichten konnte, entschloss sie sich 1998 zum Umbau von 20 Fahrzeugen. Bei OFV in Verona bekamen sie u. a. eine Mittelküche, die den Innenraum in zwei Bereiche unterteilt. Alle 20 Wagen wurden zunächst als WRmz 133 eingereiht und bekamen 2002 die neue Bauartnummer 134. Sie waren Ende 2005 noch in Dienst, während von den anderen Speisewagenbauarten nur noch knapp über zehn Wagen bei der DB verzeichnet waren. Zu letzteren zählen auch die beiden für den Touristik-Zug umgebauten und als WRkmz 858 bezeichneten ehemaligen WRmz 137.

Die ÖBB übernahmen einige WRmz 137 und reihten sie in ihren Wagenpark ein.

Wagenbau. Alle Wagen laufen auf Drehgestellen der Bauart MD 36 mit Scheiben- und Magnetschienenbremse.

Nur der an die Speiseräume angrenzende Vorraum hat Einstiegstüren, für die entweder Drehfalttüren oder, wie beim WRmz 137, Schwenkschiebetüren verwendet wurden.

Innenraum und Elektrik. In den WRmz 132 und 135 befinden sich jeweils ein kleiner Speiseraum mit 18 Plätzen und ein großer mit 24 Plätzen in der Anordnung 2+1.

An die Speiseräume schließt sich der Wirtschaftstrakt mit Anrichte, Küche und Spülraum an. Ein Personalwaschraum mit WC ist ebenfalls vorhanden.

In den WRmz 134 und 137 wurde der Innenraum völlig neu gestaltet. Es entstanden zwei Fahrgasträume, die durch eine Satellitenküche in der Mitte der Wagen getrennt sind. Der „Bord-Treff" an einem Wagenende ist mit einfachen Sitzbänken, Tischen und mit Stehtischen ausgestattet. Hier werden nur kleine Snacks ausgegeben.

Im Restaurant sind 24 Sitzplätze in der Anordnung 2+1, teilweise mit freistehenden Stühlen, vorhanden.

Während die WRmh 132 durch zwei Generatoren mit elektrischer Energie versorgt werden, geschieht dies bei den anderen Bauarten über die Zugsammelschiene oder den Stromabnehmer.

TECHNISCHE DATEN

Länge über Puffer		27.500 mm
Wagenkastenbreite		2.805 mm
Wagenhöhe über SO		4.050 mm
Dienstmasse	WRmh 132	48.000 kg
	WRmz 137	55.900 kg
Drehgestellbauart		MD 36
Höchstgeschwindigkeit		200 km/h
Bremse		‹R› KE-GPR-Mg (D) ep*
Speiseräume		2
Sitzplätze	WRmh 132	42
	WRmz 137	24 + 20
Stehplätze	WRmz 137	12
Heizung		Klimae(ö)
erstes Baujahr	WRmh 132	1964
	WRmz 137	1988

* ep nur bei WRmz 137

Die Schlafwagen der Bauart WLABmz 173 entstanden durch Umbau aus den Sitzwagen der Bauart Bm 234. Dabei wurde auf das vorhandene Untergestell ein völlig neuer Wagenkasten gesetzt (61 80 72-90 004-5).

2003 begann die DB mit der Erneuerung ihres überalterten Schlafwagenparks und stellte mit den Umbauwagen der Bauart WLABmz 173 nach längerer Unterbrechung wieder Wagen dieses Typs in Dienst.

Entwicklung und Wagenbau. Die Wagen enstanden durch Umbau nicht mehr benötigter Sitzwagen der Bauart Bm 234, von denen allerdings nur das Untergestell übernommen wurde. Das Laufwerk und der Wagenkasten mit seinen elf Schlafabteilen wurden neu aufgebaut.

Die Drehgstelle der Bauart SGP 400 3SMG sorgen mit ihrer Luftfederung und hydraulischen Dämpfern auch bei 200 km/h für einen ruhigen Lauf.

An einem Wagenende ermöglichen Schwenkschiebetüren mit Klapptrittstufen den Zugang vom Bahnsteig aus. Am selben Wagenende ist das Serviceabteil zu finden.

Innenraum und Elektrik. Der Innenraum teilt sich in drei Abteile der Kategorie A und neun Abteile der Kategorie B. Die Nasszellen mit Dusche und Toilette sind von den Vorräumen aus zu erreichen. Die elektrischen Einrichtungen wie Leuchtstofflampen und Sprechanlage werden über eine Batterie aus der Zugsammelschiene versorgt.

Eine Luftheizung sorgt für angenehme Temperaturen in den Wagen.

TECHNISCHE DATEN		
Länge über Puffer		26.400 mm
Wagenkastenbreite		2.829 mm
Wagenhöhe über SO		4.248 mm
Dienstmasse		50.000 kg
Drehgestellbauart		SGP 400 3SMG
Höchstgeschwindigkeit		200 km/h
Bremse		‹R› KE-GPR-Mg (D) ep
Abteile		12
Betten	Kategorie A	9
	Kategorie B	27
Heizung		Luftheizung
Erstes Bauajahr		2003

WLABmz 175

In der international eingesetzten Bauart WLABmz 175 finden je nach Kategorie 11, 22 oder 33 Fahrgäste einen Schlafplatz (61 80 71-70 081-8).

Die Wagen der Gattungen WLABmz 175 wurden nach den Vorgaben der UIC gebaut und von der Deutschen Schlaf- und Speisewagen-Gesellschaft (DSG) in Dienst gestellt.

Entwicklung und Wagenbau. Nach den Erfahrungen mit den WLABm 173 von 1954 entschloss sich die DSG, eine größere Zahl Wagen vom Typ „Universal" zu beschaffen. Zunächst wurden 77 Fahrzeuge der Bauart WLABmh 174 geliefert, 1967 folgten 75 der Bauart WLABmh 175. Die Wagen laufen auf MD 36-Drehgestellen mit Scheibenbremsen.

Innenraum und Elektrik. Nach UIC-Vorgaben befinden sich in den Wagen elf Halbabteile mit bis zu 33 Schlafplätzen. Die Betten lassen sich in Tagesstellung an die Wand klappen, dann stehen drei Sitze zur Verfügung. Jedes Abteil ist mit Tisch, Waschbecken und Schränken ausgestattet.

Die Wagen haben jeweils zwei Toiletten und eine Dusche. Die kleine Küche im Dienstraum ist dem Personal vorbehalten. Hier wird u. a. das Frühstück für die Gäste vorbereitet.

Die ursprünglich vorhandenen Achsgeneratoren wurden bei einem Teil der Wagen durch eine Zugsammelschiene ersetzt. Sie liefert Energie für die Klimaanlage, die Lautsprecheranlage und für die Leuchtstofflampen der Hauptbeleuchtung.

TECHNISCHE DATEN		
Länge über Puffer		26.400 mm
Wagenkastenbreite		2.818 mm
Wagenhöhe über SO		4.250 mm
Dienstmasse		54.000 kg
Drehgestellbauart	WLABmh 175	MD 36
Höchstgeschwindigkeit		160 km/h
Bremse		‹R› KE-GPR (D)
Abteile		11
Betten	1. Klasse Single	11
	1. Klasse Double	22
	2. Klasse Tourist	33
Heizung		Klimadeö
Erstes Baujahr		1967

Bvmz 185, Bvmsz 186

In den Bvmz 185 können die Fahrgäste sowohl in geschlossenen Abteilen mit je sechs Sitzen als auch im Großraum mit offenen Abteilen reisen. Die Aufnahme zeigt den Wagen 73 80 21-94 017-1.

Um auch auf Neubaustrecken 2.-Klasse-Wagen mit gehobenem Reisekomfort anbieten zu können, beschaffte die DB druckertüchtigte Wagen der Bauart Bvmz 185.

Entwicklung. Im April 1988 lieferte Linke-Hofmann-Busch (LHB) in Zusammenarbeit mit dem BZA Minden den ersten Wagen an die DB aus. Den 60 Vorserienwagen folgte bis 1991 die Beschaffung einer Serie von weiteren 120 Wagen.

Im Jahr 2000 wurden die Wagen ins Redesign-Programm aufgenommen und ein erster Musterwagen zum Umbau nach Neumünster gebracht. Bis Ende 2005 wurden 158 Wagen umgebaut. Neben einer neuen Inneneinrichtung erhielten die nun als Bvmsz 186 bezeichneten Fahrzeuge auch einen „Zugbus" der neben der gesamten elektronischen Datenübertragung auch eine selektive Türsteuerung ermöglicht. Neue mikroprozessorgestützte Gleitschutzeinrichtungen in der Bremse verbessern den Fahrkomfort.

Wagenbau. Die Drehgestelle der Bauart MD 52 mit Stahlfederung sind für eine Höchstgeschwindigkeit von 250 km/h ausgelegt. Die Scheiben- und Magnetschienenbremse verfügt über eine pneumatische Notbremsüberbrückung.

Das Kastengerippe besteht aus Walz- und Abkantprofilen. Für die Beblechung wurde nichtrostender Stahl verwendet.

Der neuentwickelte, druckertüchtigte Wagenübergang stammt von SIG. Die Vertikal-Schwenkschiebetüren (VSST) mit gekoppeltem Klapptritt der Bauart Bode und die Stirnwandtüren wurden ebenfalls neu konstruiert.

Die bedampften Isolierglas-Doppelfenster der Standardbauart haben eine Breite von 1.400 mm.

Innenraum. Im völlig neu gestalteten Innenraum entstand ein kombinierter Großraum-Abteilwagen, der neben drei Nichtraucher- und zwei Raucherabteilen einen Großraum mit sechs offenen Abteilen enthält. Insgesamt

Bei den Bvsmz 186 wurden die geschlossenen Abteile zu Gunsten eines Großraums aufgegeben. Zusätzlich bekamen die Wagen eine Sonderausstattung, auf die der Buchstabe „s" hinweist (73 80 21-90 736-0).

stehen 64 Sitzplätze zur Verfügung. Neu entwickelte Einzelsitze mit individuellen Einstellmöglichkeiten bieten optimalen Sitzkomfort. Jeder Sitzplatz ist mit einer Tischfläche und einer Leselampe ausgestattet. Die Raucher- und Nichtraucherzonen des Großraumabteils sind durch eine Glaswand voneinander getrennt. Der gesamte Wagen wird mit Leuchtstofflampen beleuchtet.

Elektrik. Zur Druckertüchtigung wurde u.a. eine besondere Einkanal-Klimaanlage mit Luft als Energieträger eingebaut. Zudem wurden geschlossene Bodenwannen und geschlossene WC-Systeme mit Wasserspülung und Vakuumabsaugung gewählt.

Alle Wagen beziehen ihre Energie aus der Zugsammelschiene. Der Unterschied zwischen den einzelnen Unterbauarten liegt u. a. in der elektrischen Ausstattung.

Bei den Bvmz 185.0 und 185.2 handelt es sich um Wagen mit Einspannungsanlage, die Bvmz 185.1 und 185.3 werden über Mehrspannungsanlagen versorgt. Die nicht drucktüchtigten Mehrspannungswagen Bvmz 185.5 verfügen über chemische Toiletten und Gummiwülste an den Übergängen.

Alle Wagen sind mit einer Lautsprecheranlage ausgerüstet.

TECHNISCHE DATEN		
Länge über Puffer		26.400 mm
Wagenkastenbreite		2.825 mm
Wagenhöhe über SO		4.050 mm
Dienstmasse	ESpA*	51.600 kg
	MSpA**	52.700 kg
Drehgestellbauart		MD 52
Höchstgeschwindigkeit		200 km/h
Bremse		<R> KE-PR-Mg (D) ep
Großräume		1
Abteile		5
Sitzplätze	Großraum	30
	Abteile	34
Heizung		Klimae
Erstes Baujahr		1988

*ESpA: Einspannungsausstattung

**MSpA: Mehrspannungsausstattung

Der ARmz 211 mit der Nummer 61 80 85-95 527-3 wurde von der Schienenverkehrsgesellschaft (SVG) übernommen und ist in seinen Originalfarben in Sondereinsätzen anzutreffen.

Weil sich in kürzeren Schnellzügen der Einsatz eines Vollspeisewagens nicht lohnt, verfolgte die DB die Entwicklung von Halbspeisewagen weiter und beschaffte neue Wagen.

Entwicklung. Nach der Entwicklung von Vollspeisewagen der Bauart WRmh 132 entstanden zwischen 1966 und 1968 insgesamt 25 Halbspeisewagen der Bauart ARmh 217. Sie lehnten sich an die WRmh 132 an, allerdings bekam nur einer der beiden Großräume eine Speiseraumeinrichtung. Der andere wurde mit Sitzplätzen ausgestattet.

Ab 1971 wurde eine weitere Serie von 56 Wagen beschafft, die sich nur durch technische Neuerungen, wie z. B. den Stromabnehmer, von den Vorgängern unterscheidet. Die Aufteilung der Innenräume blieb unverändert. Die Wagen wurden als ARmz 211 bezeichnet.

Anfang 2006 waren nur noch sechs dieser Wagen im Bestand der DB. Es handelt sich ausschließlich um Mehrspannungswagen, die für den Einsatz im „Berlin-Warschau-Express“ genutzt werden. Dafür bekamen die Wagen einen weißen Anstrich. Der Absetzstreifen wurde aber nicht rot, sondern blau ausgeführt.

Neben dem schweizer „Rail-In-Club“ konnte die Schienenverkehrsgesellschaft in Stuttgart einen Wagen erwerben, der in seinen Original-TEE-Farben der Nachwelt erhalten bleibt.

Wagenbau. Die Wagen laufen auf Drehgestellen der Bauart Minden-Deutz 36 mit Scheiben- und Magnetschienenbremse.

Der Wagenkasten besteht aus Stahlprofilen und Blechen der Güte St 37. Gummiwülste und Schiebetüren sichern die Stirnübergänge.

Die seitlichen Zugänge mit Drehfalttüren sind nur am 1.-Klasse-Wagenende der 27,5 m langen Fahrzeuge zu finden.

Die sechs 2006 noch vorhandenen ARmz 211 werden alle für den Einsatz im „Berlin-Warschau-Express" benötigt. Der Dachstromabnehmer wurde dafür abgebaut (61 80 85-90 502-3).

Innenraum. Im Fahrgastraum der 1. Klasse sind drei offene Sitzabteile vis-à-vis angeordnet. Die bequemen Einzelsitze lassen sich individuell verstellen. Zwischen den Sitzen sind Tische angeordnet, so dass auch hier bei Bedarf Speisen serviert werden können.

Im Speiseraum stehen den Reisenden 30 Plätze an fünf Vierer- und fünf Zweiertischen zur Verfügung. Damit der Boden besser gereinigt werden kann, wurden die Sitze ohne Stützen an den Seitenwänden befestigt.

Der anschließende Wirtschaftstrakt enthält ein Buffet, eine Küche und einen Spülraum. Das WC am Küchenende des Wagens darf nur vom Personal genutzt werden. Das WC für die Fahrgäste befindet sich am anderen Wagenende.

Elektrik. Über eine Zugsammelschiene wird die unter dem Wagenboden aufgehängte Batterie gespeist. Der ursprünglich vorhandene Stromabnehmer wurde für Einsätze nach Polen abgebaut.

Zur Beleuchtung werden Leuchtstofflampen eingesetzt. Auf den klappbaren Tischen stehen kleine Tischlampen.

Eine Klimaanlage der Bauart Jetair übernimmt die Belüftung. Sie nutzt Wasser als Energieträger.

Eine zwölfpolige Durchgangsleitung und eine Lautsprecheranlage vervollständigen die Ausstattung der Wagen.

TECHNISCHE DATEN		
Länge über Puffer		27.500 mm
Wagenkastenbreite		2.805 mm
Wagenhöhe über SO		4.050 mm
Dienstmasse		48.000 kg
Drehgestellbauart		MD 36
Höchstgeschwindigkeit		200 km/h
Bremse		‹R› KE-GPR-Mg (D)
Großräume		2
Sitzplätze	1. Klasse	18
	Speiseraum	30
Heizung		Klimae
Erstes Baujahr		1971

Dieser Bomz 236 wurde von der schweizer Thurbo AG übernommen und ist nun im „Alex" zwischen München und Oberstdorf anzutreffen. Seine neue Bezeichnung lautet Bm, Nummer 50 46 21-33 140-5.

Anfang der 1980er-Jahre passte sich die Deutsche Reichsbahn der DDR an den internationalen Standard für Reisezugwagen an und beschaffte Fahrzeuge mit einer Länge von 26.400 mm.

Entwicklung. Schon 1979 wurde der erste Prototyp eines 26.400 mm langen Seitengangwagens vom Typ Z vorgestellt. Daraus entstand eine ganze Fahrzeugfamilie für nationale und internationale Schnellzugeinsätze. Gebaut wurden die Wagen im Raw Halberstadt.

Nach der Vereinigung beider deutscher Staaten im Jahr 1990 zeichneten sich Änderungen im Eisenbahnbetrieb ab. Auf den Strecken der DR wurden IC-Züge nach dem Vorbild der DB eingeführt. Dafür benötigte die DR entsprechende Wagen, die aus den „langen Halberstädtern" entwickelt wurden und die UIC-Vorgaben der Bauart Z erfüllen. Die nach dem Schema der DB orientrot lackierten Wagen wurden als Bauart Bmz in den Park der DR eingereiht. Bei der DB AG bekamen sie die Bezeichung Bomz 236.

Inzwischen gehören alle bei der DB verbliebenen Wagen der DB Auto-Zug, einer Tochtergesellschaft von DB Fernverkehr. Einige Wagen wurden an andere Verkehrsunternehmen wie die schweizer Thurbo AG verkauft, die ihre komplett überarbeiteten Fahrzeuge im Allgäu-Express (Alex) zwischen München und Oberstdorf einsetzt.

Wagenbau. Die Wagen erhielten Drehgestelle der Bauart GP 200 S-Mg mit Scheiben- und Magnetschienenbremse, so dass sie bis zu einer Höchstgeschwindigkeit von 200 km/h eingesetzt werden können. Für Untergestell und Wagenkasten wurden unterschiedliche Walz- und Abkantprofile verwendet.

Selbstschließende Drehfalttüren mit Türblockierung und festen Trittstufen an den Enden der Seitenwände ermöglichen den Zugang vom Bahnsteig aus.

Die Stirnübergänge werden mit Gummiwülsten und zweiflügeligen Schiebetüren gesichert.

Alle Bomz 236 der DB unterstehen inzwischen der DB AutoZug, die die Wagen in ihren Reisezügen einsetzt. Wie der 51 80 21-90 509-7 haben sie alle einen grauen Wagenkasten mit rotem Fensterband.

Im Seitengang und in den Abteilen sind 1.200 mm breite Übersetzfenster zu finden, die sich Dank eines Gewichtsausgleichs leicht öffnen und schließen lassen.

Innenraum. Der Grundriss der Wagen weist zwei Einstiegsräume mit WC, einen Seitengang und elf geschlossene Abteile auf.

Die geposterten Einzelsitze mit Armlehnen und Kopfpolstern lassen sich individuell verstellen. Über den Sitzen befinden sich Quergepäckablagen.

Bei einem Teil der Wagen wurden an einem Ende die Toilette und ein Abteil ausgebaut, um Platz für Fahrräder und sperrige Güter zu schaffen. Diese Wagen wurden als Bomdz 236 bezeichnet und sind von außen am Fahrrad-Piktogramm zu erkennen.

Elektrik. Die Zugsammelschiene speist über einen Gleichrichter die unter dem Wagenboden in Trögen aufgehängte Speicherbatterie, die ihrerseits über einen Umformer die Beleuchtung und andere elektrische Verbraucher im Wagen mit Strom versorgt. Es wurden sowohl Ein- als auch Mehrspannungswagen gebaut.

Die Zweikanal-Luftheizung sorgt im Winter für ein angenehmes Klima. Leuchtstofflampen mit Transistorvorschaltgeräten übernehmen die Hauptbeleuchtung, die Notbeleuchtung wird aus Glühlampen gespeist.

Eine vollständige Lautsprecherausstattung und eine zwölfpolige Durchgangsleitung vervollständigen die Ausstattung der Wagen.

TECHNISCHE DATEN	
Länge über Puffer	26.400 mm
Wagenkastenbreite	2.825 mm
Wagenhöhe über SO	4.050 mm
Dienstmasse	39.300 kg
Drehgestellbauart	GP 200 S-Mg
Höchstgeschwindigkeit	200 km/h
Bremse	‹R› KE-GPR-Mg (D)
Abteile	11
Sitzplätze	66
Heizung	Lhzde
Erstes Baujahr	1991

Der Bvcmz 248, Nummer 61 80 50-91 010-7, mit Magnetschienenbremse kann bis zu einer Geschwindigkeit von 200 km/h eingesetzt werden.

Mitte der 1990er-Jahre hatten die Liegewagen der Bauart Bcm 243 das Ende ihrer Nutzungszeit erreicht. Sie wurden von der DB grundlegend aufgearbeitet und als Bvcmz 248 wieder in Betrieb genommen.

Entwicklung. Ende der 1990er-Jahre wurden auch die 50 Liegewagen der Bauart Bctmh 257 aufgearbeitet und als Bocmh 244 weiter betrieben.

Als vorläufig letzte Liegewagen-Bauart entstanden ab 2001 die Bvcmbz 249 durch Modernisierung der Bcmh 246, die ihrerseits wiederum durch Umbau aus den Bcm 243 hervorgegangen waren.

Die Wagen werden entweder von der DB AutoZug oder von der CityNightLine AG eingesetzt. Die CNL-Wagen unterscheiden sich durch ihre blaue Lackierung von den DB-Wagen.

Wagenbau. Die Wagen der Bauarten 244 und 248 laufen auf Drehgestellen der Bauart MD 36 mit Scheibenbremsen. Die 244er der ersten Bauserie haben zusätzlich eine Magnetschienenbremse, auf die bei der zweiten Bauserie verzichtet wurde.

Für die Bvcmbz 249 wurden Drehgestelle der Bauart MD 52 verwendet, wie sie auch unter den Bpmz 294 laufen. Sie erlauben eine Höchstgeschwindigkeit von 200 km/h.

Als Einstiegstüren wurden UIC-Drehfalttüren eingebaut. Die Stirnübergänge sind durch Gummiwülste und Schiebetüren gesichert, die Fenster 1.200 mm breit.

Innenraum. Die Aufteilung der Innenräume blieb bei der Aufarbeitung der Bauarten 244 und 248 unverändert. In den Bvcmz 248 finden sich zehn Abteile. Der Innenraum der Bocmh 244 gliedert sich in sieben normale Abteile mit einer Länge von 1.912 mm und drei Vorzugsabteile mit einer Länge von 2.285 mm in der Wagenmitte.

Die Bvcmbz 249 der CityNightLine unterscheiden sich durch ihren blauen Anstrich von den DB-Wagen. Die Aufnahme zeigt den 61 80 50-90 047-1.

Die Bvcmbz 249 bieten ein behindertengerecht vergrößertes Schlafabteil und eine ebenfalls geräumigere Toilette.

Im Begleiterabteil aller Bauarten können ein Sitz und ein Klappsitz zu einer Liege zusammengezogen werden. Außerdem sind hier eine Schreibplatte, ein Kleider- und ein Wäscheschrank untergebracht.

Das Abwasser gelangt durch den geschlossenen Wasserkreislauf nicht auf die Gleise, sondern wird in einem Behälter unter den Nasszellen gesammelt und in den Werken entsorgt.

Elektrik. Bei den Bocmh 244 erfolgt die Energieversorgung mittels Achsgeneratoren und Batterien. Bei den beiden anderen Bauarten werden die Batterien aus der Zugsammelschiene gespeist.

Die Belüftung erfolgt über eine Klimaanlage. Doppelradiallüfter saugen Frischluft über Dachgitter an. Sie wird im Klimaaggregat aufgearbeitet und in die Abteile eingeblasen. Die Wagen sind mit Lautsprecheranlagen und zwölfpoligen Durchgangsleitungen versehen.

TECHNISCHE DATEN		
Länge über Puffer	244	27.500 mm
	248, 249	26.400 mm
Wagenkastenbreite	244	2.805 mm
	248, 249	2.825 mm
Wagenhöhe über SO		4.050 mm
Dienstmasse	244	39.000 kg
	248	42.000 kg
	249	
Drehgestellbauart	244,248	MD 36
	249	MD 52
Höchstgeschw.	244/248	160 km/h
	248.5/249	200 km/h
Bremse		<R> KE-GPR-Mg* (D)
Abteile		10
Liegeplätze		60
Heizung		Klimae
Erstes Baujahr	244	1998
	248	1996
	249	2001

*Magnetschienenbremse bei 248.5 und 249

Bimz 256, 259, 546, Bimdz 267

Die ehemaligen InterRegio-Wagen der DR wurden für Einsätze in IC- und EC-Zügen weiß lackiert. Die Aufnahme zeigt den Bimz 259 mit der Nummer 51 80 22-95 653-7.

Um ein einheitliches Zugangebot bei Reichsbahn und Bundesbahn zu erreichen, führte die DR 1992 u. a. auch InterRegio-Züge ein. Dafür wurden vorhandene Wagen mit der für IR-Züge üblichen Inneneinrichtung ausgestattet.

Entwicklung. Nachdem 1991 ein Prototyp vorgestellt worden war, begann 1992 der Serienumbau im Raw Halberstadt. Aus den verschiedenen Bauarten der vorhanden Abteilwagen entstanden zunächst die Bauarten Bimz 256, Bimz 259 und Bimdz 267.

Später wurden zwei Bimz 256 für den IR-Einsatz nach Schweden in ABimz 265 umgebaut. In zwei Abteilen wurden dafür die 2.-Klasse-Sitze gegen solche der 1.-Klasse getauscht. Die beiden Fahrzeuge sind nicht mehr im Bestand der DB.

Entsprechend ihres Einsatzes wurden die Wagen der DB Fernverkehr zugeteilt. Nach dem Ende der IR-Einsätze bekamen die meisten Wagen den weißen Anstrich der IC-/EC-Züge und wurden überwiegend in entsprechenden Verbindungen eingesetzt.

2001 übernahm die DB Regio einige Bimz 259 und setzte sie in ihren schnellen Regionalverbindungen zwischen Rostock, Berlin und Elsterwerda ein. Diese Wagen bekamen den roten RegionalBahn-Anstrich und die Bezeichnung Bimz 546.

Wagenbau. Die Wagen laufen auf Drehgestellen GP 200 S-Mg mit Scheiben- und Magnetschienenbremsen, mit denen sie bis zu 200 km/h schnell fahren können.

Die Untergestelle wurden unverändert von den Spenderwagen übernommen. Die Seitenwände mussten wegen der neuen Fensteraufteilung ersetzt werden. Es wurden sowohl Übersetzfenster als auch feste Fenster montiert.

Selbstschließende Drehfalttüren mit Klapptrittstufen und Türblockierung sowie Stirnübergänge mit Gummiwülsten und zweiflügeligen Stirnschiebetüren ermöglichen den Zugang zu den Vorräumen.

Die IR-Wagen, die von DB Regio übernommen wurden, bekamen wie der 51 80 22-95 542-2 einen roten Anstrich und die Bezeichnung Bimz 546.

Innenraum. Der Innenraum wurde völlig neu gestaltet. In der Mitte entstanden zwei Großräume mit unterschiedlich angeordneten Einzelsitzen. An den Wagenenden blieben die Abteile erhalten. Sie wurden mit jeweils fünf Einzelsitzen ausgestattet. Bei einigen davon kann die Sitzfläche hochgeklappt werden, so dass in den Abteilen Platz für größere Gepäckstücke entsteht. Über den Sitzen sind breite Spiegel und Quergepäckablagen aus Glas montiert.

Die Bimz wurden mit je einem WC an beiden Wagenenden geliefert. Bei den Bimdz 267 wurde ein WC samt angrenzendem Abteil durch einen Mehrzweckraum für Fahrräder ersetzt. Wagen mit geschlossenem WC-System und Notbremsüberbrückung sind als Bimz 256 eingeordnet.

Elektrik. Die elektrische Energie für die Zweikanal-Luftheizung wird von der Zugsammelschiene geliefert. Eine elektrische Zusatzheizung ist vorhanden. Zwei Wagen wurden versuchsweise als Mehrspannungswagen ausgeführt.

Die Beleuchtung erfolgt durch Kompakt-Leuchtstofflampen. Die Wagen sind mit einer Lautsprecheranlage, einer zwölfadrigen Durchgangsleitung und einer zweiten Hauptluftbehälterleitung für den Wendezugdienst eingerichtet. Einige der Wagen verfügen über eine Diagnoseeinrichtung.

TECHNISCHE DATEN		
Länge über Puffer		26.400 mm
Wagenkastenbreite		2.825 mm
Wagenhöhe über SO		4.050 mm
Dienstmasse		42.000 kg
Drehgestellbauart		GP 200 S-Mg
Höchstgeschwindigkeit		200 km/h
Bremse		‹R› KE-GPR-Mg (D)
Großräume		2
Abteile	Bimz	5
	Bimdz	4
Sitzplätze	Großraum	35 + 6*
	Abteile Bimz	25 + 8**
	Abteile Bimdz	20 + 7**
Heizung		Lhze
Erstes Baujahr		1991

* Klappsitze ** Kindersitze

Wie der Wagen 51 80 84-95 056-8 wurden einige Bimdz 551 der DB Regio auch 2006 noch in ihrer ursprünglichen Farbgebung mit blauem Fensterband eingesetzt.

Mit dem InterRegio entstand 1988 ein Produkt, das den D-Zug ablöste und sich beim Reisekomfort an den IC anlehnte. Für diese Einsätze wurde der Innenraum der IR-Wagen völlig neu gestaltet.

Entwicklung. Die 2.-Klasse-Wagen der Gattungen Bim 263, Bimz 264 und Bimdz 268 stellen neben den Aim 260/Aimz 261 und den ARkimbz 262 die dritte und größte Gruppe der von der Deutschen Bundesbahn beschafften InterRegio-Wagen dar. Sie entstanden durch Umbau vorhandener Bm 234 und Bm 235 bei der PFA in Weiden. Auch sie wurden mit unterschiedlichen elektrischen und sanitären Einrichtungen geliefert und entsprechend in Untergattungen aufgeteilt. In einen Teil der Bim 263 wurde nachträglich eine zentrale elektrische Energieversorgung eingebaut. Diese Wagen wurden in Bimz 264 umgezeichnet.

Weil in IR-Zügen kein Gepäckwagen vorgesehen war, wurden Fahrzeuge mit Mehrzweckraum in Dienst gestellt. Bei ihnen wurde an einem Wagenende auf das WC und ein Abteil verzichtet.

Die Wagen tragen die Bezeichnung Bimdz 268 und sind von außen durch ein stilisiertes Fahrrad auf der Seitenwand zu erkennen.

Inzwischen wurden die meisten IR-Verbindungen eingestellt. Die zur DB Fernverkehr gehörenden Wagen bekamen den weißen Anstrich für IC-/EC-Züge, in denen sie jetzt eingesetzt werden.

Einige Wagen wurden von der DB Regio übernommen und als Bim 547, Blmz 548 und Bimdz 551 eingereiht. Neben ganz roten Wagen sind hier auch weiße und sogar noch Exemplare mit blauem Fensterband zu finden.

Wagenbau. MD-36-Drehgestelle mit Scheiben- und Magnetschienenbremse bilden das Laufwerk der Bim(z). Alle Wagen, die für den Einsatz auf Schnellfahrstrecken zugelassen sind, verfügen über eine Notbremsüberbrückung.

Untergestell und Wagenkasten wurden von den Spenderwagen übernommen. Die Stirnübergänge sind durch Gummiwülste und zweiflügelige Schiebetüren gesichert.

Innenraum und Elektrik. Der Innenraum teilt sich in Großräume und Abteile auf. In den Abteilen wurde die Sitzplatzzahl auf fünf reduziert. Der zusätzliche klappbare Kindersitzplatz kann bei Bedarf als Gepäckablage benutzt werden. Über den Sitzen sind Quergepäckablagen aus Glas und breite Spiegel montiert.

In den Großräumen wurden Sitzlandschaften mit unterschiedlicher Sitzanordnung angelegt. Überall wurden verstellbare gepolsterte Schalensitze mit Kopfpolstern eingebaut.

An den Enden sind teils offene, teils geschlossene WC-Systeme vorhanden. Für den Fahrradtransport sind im Mehrzweckraum der Bimdz 268 spezielle Halterungen montiert.

Im Gegensatz zu den Bim 263, die noch mit Achsgeneratoren ausgestattet sind, beziehen die Bimz 264 ihre elektrische Energie aus der Zugsammelschiene.

Die Wagen wurden teils mit Ein-, teils mit Mehrspannungssystemen ausgerüstet. Eine Druckluftbelüftung und eine elektrische Heizung übernehmen die Klimatisierung. Zudem sind für den Fahrgast Kompakt-Leuchtstofflampen und eine Lautsprecheranlage vorhanden.

TECHNISCHE DATEN

Länge über Puffer		26.400 mm
Wagenkastenbreite		2.825 mm
Wagenhöhe über SO		4.050 mm
Dienstmasse		42.000 kg
Drehgestellbauart		MD 36
Höchstgeschwindigkeit		200 km/h
Bremse		‹R› KE-GPR-Mg (D)
Großräume		2
Abteile	Bimz	5
	Bimdz	4
Sitzplätze	Großraum	35 + 6*
	Abteile Bimz	25 + 8**
	Abteile Bimdz	20 + 7**
Heizung		Lhze
erstes Baujahr		1988

* Klappsitze ** Kindersitze

Die ehemaligen ARkimbz 262 wurden bei der DB Fernverkehr Anfang des 21. Jahrhunderts in ARkimbz 266 umbenannt (61 80 85-91 714-3).

Neben den Sitzwagen sind in den IR-Zügen auch BistroCafé-Wagen eingestellt, die außer dem Speiseraum auch ein Zugbüro und behindertengerechte Einrichtungen bieten.

Entwicklung. Die Wagen entstanden durch Umbau aus gemischtklassigen ABm 225. Die Inneneinrichtung wurde in Zusammenarbeit zwischen der DB und der DSG entwickelt. Die Umbauarbeiten führte die PFA in Weiden aus. Insgesamt entstanden 156 Fahrzeuge, 23 davon wurden an die ehemalige DR geliefert. Alle Fahrzeuge kamen 1994 zur DB AG und wurden später von der DB Fernverkehr übernommen.

In den Jahren 2000 bis 2002 übernahm die DB AutoZug zehn Wagen und ließ sie für ihre Nachtzüge zu Servicewagen der Bauart WRmbz 138 umbauen. Dabei wurde die 1. Klasse durch Dienstabteile ersetzt. Es entstand u. a. ein Servicepoint, an dem die Reisenden ihre Wünsche und Fragen vorbringen können. Außerdem werden die Fahrgäste hier „eingecheckt" und bekommen ihr Abteil in den Schlaf- und Liegewagen zugewiesen.

Wagenbau. Als Laufwerke dienen Drehgestelle der Bauart MD 36 mit Scheiben- und Magnetschienenbremse. Die für Schnellfahrstrecken zugelassenen ARkimbz 266.4, 266.5 und 266.6 besitzen eine Notbremsüberbrückung.

Untergestell und Wagenkasten bestehen aus Stahlleichtprofilen und Stahlblechen. Im ehemaligen 2.-Klasse-Bereich, in dem das BistroCafé untergebracht ist, wurden auf der Küchenseite Fensteröffnungen verschlossen. Die Fenster lassen sich teilweise öffnen.

Die Drehfalttüren am Handbremsende erhielten einen zusätzlichen Flügel, so dass sich für den Transport von

Bei den Servicewagen der Bauart WRmbz 138 wurde der 1.-Klasse-Bereich u. a. durch einen Servicepoint ersetzt, an dem die Reisenden ihr Abteil im Zug zugewiesen bekommen (61 80 88-91 002-0).

Rollstühlen eine Öffnungsweite von 800 mm ergab.

An den Einstiegsraum am Handbremsende schließt sich eine behindertengerechte Toilette an, die bei den ARkimbz 266.4 als geschlossenes System ausgeführt ist.

Innenraum und Elektrik. Dem Zugbüro mit drei Sitzplätzen, einem Tisch, Gepäckablagen und der Schaffnersprechstelle folgen zwei geschlossene Abteile mit je vier verstellbaren Einzelsitzen, einem Tisch und einer Garderobe. Im Großraum sind vier Doppel- und zwei Einzelsitze vis-à-vis angeordnet. Dieser Raum eignet sich auch für Konferenzen.

In das Bistro-Abteil wurden fünf halbrunde Tische mit Sitzbänken eingebaut. Zusätzlich sind sechs Lehn- und zwölf Stehplätze mit Abstellmöglichkeiten für Getränke und Speisen vorhanden. Hier ist auch das Zugtelefon untergebracht.

Die Küche ist mit einer Kaffeemaschine, einer Getränkezapfanlage und einem Mikrowellenherd ausgestattet. Für Vorräte stehen Kühlschränke und Lebensmittelcontainer zur Verfügung.

Sämtliche Geräte werden über die Zugsammelschiene versorgt. Es wurden sowohl Ein- als auch Mehrspannungswagen gebaut. Die Beleuchtung übernehmen Kompakt-Leuchtstofflampen.

TECHNISCHE DATEN		
Länge über Puffer		26.400 mm
Wagenkastenbreite		2.825 mm
Wagenhöhe über SO		4.050 mm
Dienstmasse		51.000 kg
Drehgestellbauart		MD 36
Höchstgeschwindigkeit		200 km/h
Bremse		‹R› KE-GPR-Mg (D)
Großräume		1
Abteile		2
Speiseräume		1
Sitzplätze	Abteile	8
	Großraum	10
	Speiseraum	9
Heizung		Whzes/Klimae
erste Baujahr	ARkimz 266 (als 262)	1988
	WRmz 138	2000

Die Steuerwagen der Bauart Bimdzf 271 entstanden aus Wagen der ehemaligen Deutschen Reichsbahn der DDR und trugen zunächst die Bezeichnung Bimdzf 269 (51 80 80-95 809-4).

Zur Reduzierung der Umspannzeiten in Kopfbahnhöfen entschloss sich die DB, ab 1995 IC- und IR-Züge teilweise als Wendezüge mit Steuerwagen verkehren zu lassen.

Entwicklung. Sämtliche Steuerwagen entstanden durch Umbau. Als Spenderwagen für die zunächst als Bimdzf 269 bezeichneten Bimdzf 271.0 dienten bevorzugt Fahrzeuge der Bauart ABom 226 der ehemaligen DR der DDR. Für die Bauart Bimdzf 271.2 wurden Bom 281 verwendet, ebenfalls eine ehemalige DR-Bauart. Alle Wagen wurden mit einem Steuerkopf mit Führerstand und den nötigen elektrischen Einrichtungen ausgestattet.

Wagenbau. Die Drehgestelle der Bauart GP 200 S-Mg wurden den Erfordernissen der Steuerwagen angepasst. Das Drehgestell unter dem Führerstand erhielt eine Sandstreueinrichtung und eine Spurkranzschmierung. Die Magnetschienenbremse ist im anderen Drehgestell untergebracht. Die Einrichtungen der LZB verteilen sich auf beide Drehgestelle.

Untergestell und Wagenkasten wurden von den Spenderfahrzeugen übernommen. Am Wagenende 2 wurde ein Steuerkopf aus Blechen und GFK-Teilen montiert. Die Zugvorrichtung und die Verbindungselemente sind hinter einer Bugklappe versteckt. Der Einstiegsraum wurde in Richtung Wagenmitte verlegt und bekam Schiebetüren. Das andere Ende blieb mit Drehfalttüren und einem Gummiwulstübergang unverändert.

Innenraum. Der Innenraum wurde in einen Großraum und zwei geschlossene Raucher-Abteile mit je fünf Plätzen unterteilt. Die Ausstattung und die Sitzaufteilung ist an die anderen IR-Wagen angepasst. Der Mehrzweckraum zwischen dem Großraum und

Der Führerstand entspricht der Baureihe 111. Er kann zur Steuerung aller wendezugfähigen Elloks am anderen Zugende eingesetzt werden (Bimdzf 269, 51 80 80-95 811-0).

dem Führerstand bietet Stellfläche für zehn Fahrräder. An den Wänden sind fünf Notsitze montiert. Außerdem sind hier die Schaltschränke untergebracht.

Die Wagen verfügen über ein geschlossenes WC-System mit integriertem Waschbecken.

Elektrik. Der Führerstand entspricht dem einer Lokomotive der Baureihe 111 und wurde nach ergonomischen Gesichtspunkten eingerichtet. Er ist mit einer Klimaanlage ausgestattet und durch eine Glaswand vom Mehrzweckraum abgetrennt. Die Steuerung der Lokomotive erfolgt über die Zeitmultiplexe-Wendezugsteuerung (ZWS).

Die restlichen Räume werden über eine Zweikanal-Luftheizanlage mit Zusatzbelüftung temperiert und belüftet. Sie wird wie alle elektrischen Einrichtungen über die Zugsammelschiene versorgt. Zur Beleuchtung sind Kompakt-Leuchtstofflampen montiert. Eine Lautsprecheranlage dient zur Information der Reisenden.

Im Rahmen der Aufarbeitung der InterCity-Wagen bekamen im Jahr 2004 auch die Steuerwagen ein Fahrgastinformationssystem, u. a. mit neuen Zugzielanzeigern.

TECHNISCHE DATEN		
Länge über Puffer		26.400 mm
Wagenkastenbreite		2.825 mm
Wagenhöhe über SO		4.050 mm
Dienstmasse		46.000 kg
Drehgestellbauart		GP 200 S-Mg
Höchstgeschwindigkeit		200 km/h
Bremse		‹R› KE-GPR-Mg (D) ep
Großräume		1
Abteile		2
Sitzplätze	Großraum	30 + 4*
	Abteile	10 + 4**
Heizung		Lhzes
Erstes Baujahr		1995

* Klappsitze ** Kindersitze

Im Gepäckraum der nur nach Sylt eingesetzten Bomd 277 wurden acht Stellplätze für Motorräder eingerichtet. Die Motorradfahrer können in den Abteilen Platz nehmen (50 80 84-29 005-7).

Für den Shuttle-Verkehr auf die Insel Sylt ließ die DB fünf Halbgepäckwagen der Bauart BDms 276 in Motorrad-Transportwagen umbauen, die sie als Bomd 277 bezeichnete.

Entwicklung und Wagenbau. Die Wagen laufen auf MD-36-Drehgestellen mit Scheibenbremsen. Zusätzlich bekamen sie eine elektropneumatische Bremse.

Am Gepäckraumende wurde der Gummiwulstübergang entfernt und ein Übergang zu den anschließenden Flachwagen ermöglicht.

Die Übersetzfenster der Abteile sind 1.200 mm breit, die Fenster des Gepäckraums 1.000 mm. Die Drehfalttüren des Gepäckraums verschließen eine 2.000 mm breite Ladeöffnung.

Innenraum. Acht Motorräder können auf den Stellplätzen im Gepäckraum untergebracht werden. Das Dienstabteil ist mit zwei Sitzen sowie Tischen und Schränken möbliert. Von hier aus sind Durchsagen für den ganzen Zug möglich.

Die Motorradfahrer können im Großraum in offenen Vis-à-vis-Abteilen Platz nehmen. Hier wurden 32 bequeme, mit blauem Stoff bezogene Sitze eingebaut.

Elektrik. Ihre elektrische Energie beziehen die Wagen aus der Diesellok oder, wenn sie nicht mit einer Lok verbunden sind, aus dem Ortsnetz. Die Beleuchtung erfolgt über Leuchtbänder mit Leuchtstofflampen in der Mitte der Wagendecke.

TECHNISCHE DATEN	
Länge über Puffer	26.400 mm
Wagenenkastenbreite	2.825 mm
Wagenhöhe über SO	4.050 mm
Dienstmasse	
Drehgestellbauart	MD 367
Höchstgeschwindigkeit	160 km/h
Bremse	‹R› KE-GPR-(D) ep
Abteile	6
Sitzplätze	36
Ladefläche	21,1 m^2
Heizung	Whzdes
Erstes Baujahr	2001

BDomsb 274, 535, ABbd 406

Die roten Halbgepäckwagen der ehemaligen DR werden bei der DB Regio als BDomsb 535 bezeichnet. Die Aufnahme zeigt den Wagen 51 80 82-80 073-2.

Ab 1986 beschaffte die DR diese Halbgepäckwagen mit behindertengerechter Einrichtung der Bauart „Halberstadt".

Entwicklung. Bis 1988 stellte die DR insgesamt 81 Fahrzeuge in Dienst. Heute sind die Wagen bei der DB Fernverkehr als BDomsb 274 bei der DB Regio als BDomsb 535 eingereiht.

In den 1990er-Jahren wurden einige Wagen umgebaut und die normalen Sitzabteile zur 1. Klasse aufgewertet. Das Behindertenabteil blieb unverändert (2. Klasse). Der Gepäckraum wurde zum Transport von Fahrrädern hergerichtet und die Falttüren des Gepäckraums gegen Schiebetüren ausgetauscht. Nach dem Umbau wurden die Wagen als ABbd 406 bezeichnet.

Wagenbau. Die zweiachsigen Drehgestelle der Bauart GP 200 S haben Scheibenbremsen.

Die beiden Einstiegsräume an den Wagenenden sind mit Drehfalttüren und zweiteiligen Stirnschiebetüren ausgestattet.

Innenraum und Elektrik. An einem Wagenende befinden sich drei geschlossene Abteile mit festen Sitzbänken und Gepäckablagen.

Es schließt sich ein behindertengerechtes WC an. Dann folgen der Gepäckraum und das Dienstabteil, letzteres mit Schreibfläche und Sitzgelegenheit. Ein Achsgenerator liefert die elektrische Energie. Beleuchtet werden die Wagen mit Leuchtstofflampen.

TECHNISCHE DATEN		
Länge über Puffer		26.400 mm
Wagenkastenbreite		2.825 mm
Wagenhöhe über SO		4.050 mm
Dienstmasse		36.000 kg
Drehgestellbauart		GP 200 S
Höchstgeschwindigkeit		160 km/h
Bremse		‹R› KE-GPR (D)
Abteile		4
Sitzplätze		24
Ladefläche		$18\ m^2$
Heizung		Lhzde
Erstes Baujahr	BDomsb 274	1986
	ABbd 406	1994

Der Bpmz 291.2 mit der Nummer 61 80 20-91 330-6 gehört zu den Wagen mit normalen Gummiwulstübergängen, d. h. er ist nicht druckertüchtigt.

Um auch in der 2. Klasse der IC-Züge Großräume mit hohem Komfort anbieten zu können, beschaffte die DB Ende der 1970er-Jahre zwei neue Bauarten klimatisierter Fahrzeuge.

Entwicklung. Ende 1977 erhielt LHB den Auftrag, Probewagen zu liefern. Zunächst entstanden 40 Fahrzeuge, die sich in ihrer elektrischen Ausstattung und bei den verwendeten Drehgestellen unterschieden. Nachdem die Entscheidung zugunsten der Drehgestellbauart MD 52 gefallen war, wurden in mehreren Bauserien insgesamt 520 Wagen der Bauart Bpmz 291 in Dienst gestellt.

Der Einsatz auf Schnellfahrstecken erforderte einige Umbauten. So wurden u. a. die Gummiwulstübergänge gegen druckertüchtigte Übergänge der Bauart SIG ausgetauscht. An den Türen entfernte man die Türgriffe und baute Drucktasten ein. Auch die Klimaanlage und die Toiletten mussten angepasst werden. Diese Wagen wurden als Bpmz 293 eingereiht.

Zehn Wagen wurden für den Touristik-Zug umgebaut und als Bpmz 857 bzw. WRkmz 858 bezeichnet. Sie sind inzwischen wie alle anderen Bpmz weiß lackiert und werden wie diese im hochwertigen IC- und EC-Dienst eingesetzt.

Wagenbau. Alle Wagen laufen auf MD-52-Drehgestellen mit Schraubenfedern. Das Bremssystem aus Scheiben- und Magnetschienenbremsen wurde inzwischen mit einer mikroprozessorgesteuerten Gleitschutzeinrichtung ausgestattet.

Die ursprünglich mit luftgefederten Drehgestellen bestückten Wagen der Bauart Bpmz 292 bekamen im Rahmen eines Umbaus die MD-52-Drehgestelle der Gesellschaftswagen WGmz 825 und wurden so der Bauart Bpmz 294 angeglichen.

Die Langträger des Untergestells bestehen aus U-Profilen. Der Wagenkasten und das Dach setzen sich aus

Mit ihrer Wendezugsteuerleitung und der Hauptluftbehälterleitung können die Wagen auch in geschobenen Zügen eingesetzt werden (Bpmz 294, 61 80 20-91 523-6).

Walz- und Pressprofilen zusammen. Schwenkschiebetüren ermöglichen den Einstieg an den Wagenenden.

Innenraum. Der Innenraum gliedert sich in einen größeren Raum für Nichtraucher und einen kleinen für Raucher. Getrennt sind die beiden Räume durch eine Glaswand ohne Tür. Je 2+2 Einzelsitze bilden eine Sitzreihe. Die Sitze sind etwa zur Hälfte vorwärts bzw. rückwärts angeordnet. Dadurch ergibt sich in der Mitte ein offenes Abteil mit Tisch. Die Gepäckablagen sind an den Enden der Großräume und in Längsrichtung über den Fenstern zu finden. Ein Teil der Wagen ist mit einem behindertengerechten WC und einem Stellplatz für Rollstühle ausgestattet. Bei anderen wurden Stellplätze für Fahrräder geschaffen (Bpmbdz).

Elektrik. Sowohl die Ein- als auch die Mehrspannungswagen werden über die Zugsammelschiene mit elektrischer Energie versorgt.

Die Leuchtstofflampen der Innenraumbeleuchtung beziehen ihre Energie über einen Wechselrichter aus der Speicherbatterie.

Die Einkanal-Klimaanlage arbeitet mit Luft als Energieträger. Sie wird in einem Luftbehandlungsgerät unter dem Wagenboden aufgearbeitet und in die Innenräume eingeblasen.

Neben der zwölfpoligen Durchgangsleitung ist auch eine Wendezugsteuerleitung und eine Hauptluftbehälterleitung für den Einsatz in Wendezügen vorhanden.

TECHNISCHE DATEN		
Länge über Puffer		26.400 mm
Wagenkastenbreite		2.825 mm
Wagenhöhe über SO		4.050 mm
Dienstmasse		42.000 bis 43.600 kg
Drehgestellbauart		MD 52
Höchstgeschwindigkeit		200 km/h
Bremse		‹R› KE-GPR- Mg (D) ep
Großräume		2
Sitzplätze		80
Heizung		Klimae
Erstes Baujahr	(als Bpmz 291)	1978

Bpmbdzf 296

Neben den Bimdzf 271 sind Bpmbdzf 296 die zweite Steuerwagenbauart, die im hochwertigen IC- und EC-Verkehr von der DB eingesetzt werden (Bpmbdzf 297, 61 80 80-90 038-3).

Ab 1997 beschaffte die Deutsche Bahn eine weitere Gattung Steuerwagen für IC- und EC-Züge. Sie sind als reine Großraumwagen mit einem variablen Mehrzweckraum ausgestattet.

Entwicklung. Als Spenderwagen dienten Wagen der Bauarten Bom 280 und Bom 281 der ehemaligen DR der DDR. Der Steuerkopf und der Führerstand entsprechen dem der Bimdzf 271. Lediglich die Bugklappe für die Zugvorrichtung wurde zweiteilig ausgeführt. Der Umbau erfolgte bei der PFA. 1998 wurden insgesamt 76 Wagen als Bpmbdzf 297 ausgeliefert. Inzwischen wurde die Bauartnummer in 296 geändert.

Wagenbau. Neue luftgefederte Drehgestelle bilden das Laufwerk. Das Drehgestell unter dem Führerstand bekam eine Sandstreueinrichtung, Schaltmagnete und eine Spurkranzschmierung. Die Magnetschienenbremse wurde im zweiten Drehgestell untergebracht. Die Wagen der Unterbauart Bpmbdzf 296.1 können bis zu einer Geschwindigkeit von 200 km/h eingesetzt werden. Für die druckertüchtigte Unterbauart .3 sind sogar 220 km/h vorgesehen.

Das Untergestell wurde mit einer Bodenwanne zum Schutz der unterflur angebrachten Aggregate versehen. Der Wagenkasten musste für die neue Fenstereinteilung komplett ersetzt werden.

Der Einstiegsraum am Wagenende 2 wurde in den Mehrzweckraum verlegt und bekam Schiebetüren. Am anderen Ende blieb der Einstiegsraum weitgehend unverändert. Allerdings wurden auch hier Schiebetüren montiert.

Nicht druckertüchtigte Wagen haben einen Stirnübergang mit normalen Gummiwülsten. Bei den druckertüchtigten Wagen wurden Übergänge der Bauart SIG montiert. Automatische Schiebetüren schließen die Übergänge beider Bauarten ab.

Die druckertüchtigten Wagen sind an der Austauschkennziffer „73" erkennbar. Sie dürfen maximal 220 km/h schnell fahren (Bpmbdzf 296, 73 80 80-91 303-6).

Innenraum und Elektrik. Der Fahrgastraum wurde als variabler Großraum mit Einzelsitzen in 2+2-Anordnung eingerichtet. Während der Sommermonate haben die Wagen einen größeren Mehrzweckraum mit 16 Fahrradstellplätzen. Dann bleiben 33 Sitzplätze im Fahrgastraum übrig. Im Winter, wenn weniger sperrige Güter wie Fahrräder anfallen, wird der Fahrgastraum auf 55 Sitzplätze vergrößert und der Mehrzweckraum entsprechend verkleinert. Er bietet dann nur noch zwei Fahrrädern einen Stellplatz. Im Fahrgastraum kann der Platz für Rollstühle durch Klappsitze vergrößert werden. Es wurden verstellbare gepolsterte Einzelsitze mit Kopf- und Armlehnen in Reihen- und Abteilanordnung eingebaut. Im Fahrgastraum ist zudem eine Gepäckablage in Längsrichtung über den Fenstern zu finden.

Am Wagenende 1 befindet sich ein behindertengerchtes WC mit geschlossenem Abwassersystem.

Die Fahrgasträume werden durch ein Luftkühlaggregat temperiert, das die Frischluft über ein Gitter in der Mitte der Seitenwand ansaugt. Für den Führerraum steht ein Kompaktklimagerät zur Verfügung.

Alle elektrischen Verbraucher werden über die Zugsammelschiene und die nachgeschaltete Speicherbatterie mit Stom versorgt.

TECHNISCHE DATEN		
Länge über Puffer		26.400 mm
Wagenkastenbreite		2.825 mm
Wagenhöhe über SO		4.050 mm
Dienstmasse		46.000 kg
Drehgestellbauart		luftgefedert
Höchstgeschwindigkeit		200/220* km/h
Bremse		‹R› KE-GPR-Mg (D) ep
Großräume		1
Sitzplätze		33/53
Heizung		Klimae
Erstes Baujahr	als Bpmbdzf 297	1997
*Unterbauart 296.3		

Als erste große Serie gemischtklassiger RegionalBahn-Wagen beschaffte die DB nach zwei Probeserien die ABnrz 403 (50 80 31-34 354-6).

Zur Aufwertung des Nahverkehrs entstanden Mitte der 1980er-Jahre die ersten „RegionalBahn"-Wagen bei der DB. Dafür wurden alte Nahverkehrswagen modernisiert und mit gehobenem Komfort wieder in Dienst gestellt.

Entwicklung. Nach ersten Versuchen auf der Strecke Köln – Gummersbach wurde als zweite Verbindung die Strecke Hamburg – Stade auf das neue Wagenmaterial umgestellt. Für diesen Einsatz entstanden im AW Hannover aus der Bauart ABnrz 704 sieben Wagen der Bauart ABnrz 401.

Die Bauart ABnrz 403 bildet die erste große Serie gemischtklassiger RegionalBahn-Wagen. Sie war für die Strecken in der Umgebung von Hannover, Rhein-Ruhr und Saarbrücken vorgesehen, wird heute aber bundesweit eingesetzt. Am Umbau beteiligt waren die Werke Hannover, Limburg (Lahn) und Krefeld-Oppum.

Neben den Umbauten in ihren eigenen Werken vergab die DB auch Umbauaufträge an Industriebetriebe. So entstand bei der Waggonbau OFV in Verona eine Vielzahl unterschiedlicher Wagen z. B. die ABnrz 418, die aus der Bauart ABnrz 704 hervorgingen.

Speziell für die Strecke Kiel – Lübeck ausgestattete und im DB-eigenen Werk Neumünster umgebaute Wagen wurden als ABnrz 416 eingereiht und sind in Kiel beheimatet.

Wagenbau. Alle hier vorgestellten Wagen laufen wie ihre Spenderbauart auf scheibengebremsten Drehgestellen der Bauart Minden-Deutz 43.

Das Untergestell und der Wagenkasten wurden von den Spenderwagen übernommen.

Die alten Übersetzfenster wurden gegen neue Fenster getauscht, von denen nur noch jedes zweite geöffnet werden kann.

Innenraum. Der Grundriss mit den beiden Einstiegsräumen wurde zwar von den Spenderwagen übernommen, der Innenraum jedoch völlig neu gestaltet. Bei den ABnrz 401 wurde das

Die Wagen der Bauart ABnrz 418 entstanden bei der italienischen Waggonbaufirm OFV in Verona und unterscheiden sich durch einen 1.-Klasse-Großraum von den ABnrz 403 (ABnrz 418, 50 80 31-34 228-2).

1.-Klasse-Abteil an ein Wagenende verlegt, bei den anderen Bauarten wurde es in der Mitte belassen.

In der 1.-Klasse der ABnrz 401 sind 28 Einzelsitze in 2+2 Aufteilung, teilweise in Reihe, teilweise vis-à-vis, untergebracht. In der 2.-Klasse wurden Doppelsitze eingebaut.

In den ABnrz 403 blieben die Einzelabteile der 1. Klasse erhalten. Sie wurden samt Sitzen komplett aufgearbeitet.

Die 1.-Klasse-Abteile der ABnrz 418 wurden zugunsten eines Großraums mit Abteilcharakter aufgegeben.

In der 2. Klasse wurden die alten Sitzgestelle mit einem neuen Anstrich versehen. Die Sitze erhielten neue Polster und Stoffbezüge. Die Quergepäckablagen wurden durch solche in Längsrichtung über den Fenstern ersetzt. Decken und Innenwände wurden neu ausgekleidet, der Fußboden ausgetauscht.

Elektrik. Die Versorgung der Leuchtstofflampen erfolgt über die Zugsammelschiene. Die Wagen werden elektrisch beheizt und über Dachlüfter mit Frischluft versorgt. Verschiedene WC-Systeme und Einrichtungen für gehbehinderte Reisende unterscheiden die einzelnen Unterbauarten voneinander.

Eine Lautsprecheranlage, eine Durchgangsleitung und die Wendezugsteuerleitung vervollständigen die Austattung der Wagen.

TECHNISCHE DATEN		
Länge über Puffer		26.400 mm
Wagenkastenbreite		2.825 mm
Wagenhöhe über SO		4.050 mm
Dienstmasse		33.000 kg
Drehgestellbauart		MD 43
Höchstgeschwindigkeit		140 km/h
Bremse		‹R› KE-GPR-A (D)
Sitzplätze	401	28/52*
	403/416/418	30/48*
Heizung	401/403	ElHzs/Nkohzs**
	416/418	Hhzk/ElHzs
Erstes Baujahr	ABnrz 401	1987
	ABnrz 403	1989
	ABnrz 416/418	1993

* 1. Klasse/2. Klasse ** Nkohzs nur 403

ABn 402, 404, 417

Die ABn 402 wurden speziell für die Strecke zwischen Aalen und Stuttgart aus klotzgebremsten Wagen der Bauart ABn 703 umgebaut (ABn 402.4, 50 80 31-33 530-2).

Die erste RegionalBahn-Strecke im Raum Stuttgart wurde 1988 zwischen Aalen und Stuttgart eröffnet. Die für diese Linie umgebauten Wagen entstanden aus „Silberlingen" der Bauart ABn 703.

Entwicklung. Nachdem mit den vorhandenen RegionalBahn-Wagen erste Erfahrungen gesammelt werden konnten, entstand 1988 für die Strecke Aalen – Stuttgart eine weitere Probeserie von acht 1./2.-Klasse-Wagen, die als ABn 402 bezeichnet wurden. Im Rahmen fälliger Hauptuntersuchungen wurden sie inzwischen in die Bauarten ABn 402.4 und ABn 417 überführt.

Nach den ABn 402 entstand ab 1990 eine große Zahl gemischtklassiger RB-Wagen, die sich in ihrer Innenraumaufteilung an die ABn 402 anlehnen. Die als ABn 404 bezeichneten Wagen wurden von verschiedenen DB-Ausbesserungswerken gebaut und sind heute nahezu in ganz Deutschland anzutreffen.

Ab 1993 begann die OFV im italienischen Verona mit dem Umbau von ABn 703 in ABn 417.

Wagenbau. Da alle hier beschriebenen Wagen aus der Bauart ABn 703 entstanden, laufen sie auf klotzgebremsten Drehgestellen der Bauart MD 42.

Untergestelle und Wagenkasten bestehen aus Stahlprofilen und sind mit rostfreien Edelstahlblechen verkleidet.

Die Stirnübergänge sind durch Rolltore und Gummiwüste mit klappbaren Übergangsblechen gesichert. An den beiden Einstiegsräumen stehen doppelte Drehfalttüren mit einer lichten Weite von 1.450 mm zur Verfügung. Die 1.200 mm breiten Übersetzfenster können alle geöffnet werden.

Innenraum. Aus Kostengründen wurden Grundriss als auch Aufteilung der Klassenbereiche unverändert von den Spenderwagen übernommen.

Bei den ABn 402 und den ABn 404 befindet sich der 1.-Klasse-Bereich mit fünf geschlossenen Abteilen zwischen den beiden Einstiegsräumen.

Wie die ABnrz 418 wurden auch die ABn 417 vom italienischen Hersteller OFV mit einem Großraum in der 1. Klasse ausgestattet (50 80 31-33 472-7).

Die sechs Einzelsitze wurden neu gepolstert und mit Stoff bespannt, die Abteilwände und das Dach neu verkleidet.

Bei den ABn 417 wurde der 1.-Klasse-Bereich zu einem Großraum mit Abteilcharakter umgestaltet. Die Einzelsitze sind mit blauem Polster bezogen.

In der 2.-Klasse wurden die vorhandenen Sitzbänke mit neuen Polstern und Stoffbezügen versehen. Die Sitzaufteilung blieb unverändert. Die Gepäckablagen wurden längs über den Fenstern montiert.

An beiden Wagenenden befinden sich Vorräume mit Klappsitzen und Toiletten. Die verschiendenen Unterbauarten sind mit unterschiedlichen WC-Systemen ausgesattet.

Einige Wagen wurden behindertengerecht ausgeführt. Dafür wurde im Innenraum eine einteilige Schiebetür durch eine breitere, zweiteilige ersetzt. Die Griffstangen im Einstiegsraum wurden asymmetrisch angeordnet. Die angrenzenden Sitzbänke sind klappbar, damit Platz für Rollstühle entsteht.

Elektrik. Die Energieversorgung erfolgt über Achsgeneratoren. Belüftet werden die Wagen über statische Lüfter auf dem Dach. Ferner kann Frischluft durch geöffnete Fenster in die Innenräume strömen.

Alle Fahrzeuge haben eine Lautsprecheranlage und neben der zwölfpoligen Durchgangsleitung eine Steuerleitung für den Wendezugbetrieb.

TECHNISCHE DATEN		
Länge über Puffer		26.400 mm
Wagenkastenbreite		2.825 mm
Wagenhöhe über SO		4.050 mm
Dienstmasse		29.000 kg
Drehgestellbauart		MD 42
Höchstgeschwindigkeit		140 km/h
Breme		KE-GP-A
Sitzplätze	1. Klasse	30
	2. Klasse	48
Heizung	402/403	ElHzs/Nkohzs
	417	Hhzk/ElHzs
Erstes Baujahr	ABn 402	1988
	ABn 404	1989
	ABn 417	1993

ABy 407, 408, By 438, 439

Die hier vorgestellten Wagen gingen ab Anfang der 1990er-Jahre aus der ehemaligen DR-Bauart Bmh hervor, die zu dieser Zeit den Ansprüchen der Reisenden nicht mehr genügte (AByuu, 50 80 31-43 118-4).

Die Deutsche Reichsbahn wertete 1991 ihre Nahverkehrszüge auf und führte die „RegionalBahn" ein. Wie bei der DB entstanden durch Umbau vorhandener Wagen neue RB-Wagen.

Entwicklung. Spenderwagen für die gemischtklassigen Bauarten ABy 407 und ABy 408 sowie für die 2.-Klasse-Wagen By 438 und By 439 waren die in Halberstadt gefertigten Nahverkehrswagen Bmh 721. 1991 fertigte das Raw Wittenberge einen 1./2.-Klasse-Prototyp AByu 408 und das Raw Potsdam einen 2.-Klasse-Prototyp Byu 438.

Noch im selben Jahr begann der Umbau einer ersten Serie 2.-Klasse-Wagen. Diese Fahrzeuge behielten ihre ursprüngliche Sitzanordnung und bekamen die 34-polige DR-Wendezugsteuerleitung. Die ab 1992 gefertigten By 439 dagegen erhielten neue Einzelsitze und eine 36-polige Steuerleitung.

Der Umbau von 1./2.-Klasse-Wagen begann, nach einem zweiten Prototypwagen, erst Ende 1993. Bei dieser Serie wurde zwischen den beiden Einstiegsräumen ein 1.-Klasse-Bereich angeordnet. Die Endräume blieben 2.-Klasse. Auch diese Wagen erhielten eine 36-polige Steuerleitung.

Am Umbau waren die Werke Delitzsch, Halberstadt und Potsdam beteiligt. In der PFA wurden nur die Wagenkästen und Inneneinrichtungen aufgearbeitet.

Wagenbau. Die Variante ABy 407 läuft auf scheibengebremsten GP-200-S-Drehgestellen, die Bauarten Byu 438.1 und Byu 439.2 auf der Bauart Görlitz VI. Alle anderen Wagen haben modifizierte Drehgestelle der Bauart Görlitz V. Die beiden letztgenannten Bauarten sind klotzgebremst.

Gummiwülste mit Übergangsbrücke und einteilige Schiebetüren sichern die Stirnübergänge. Die alten Übersetzfenster wurden gegen neue getauscht, von denen sich nur noch jedes zweite öffnen lässt.

Innenraum. In der Wagenmitte der ABy wurden ein 1.-Klasse-Großraumbereich

Wie beim Byz 438 mit der Nummer 50 80 21-33 312-7 wurde die Energieversorgung von Achsgeneratoren auf Zugsammelschiene umgebaut.

eingerichtet. Die blau bezogenen Einzelsitze sind dort als „Sitzlandschaft" mit teilweise offenen Abteilen und Gepäckablagen angeordnet. In der 2. Klasse sind die Einzelsitze in 2+2-Anordnung eingebaut.

Bei den Byu 438 wurden die ursprünglich vorhandenen Sitzbänke neu bezogen. Die Byu 439 erhielten Einzelsitze, teilweise in Reihen- teils in Vis-à-vis-Anordnung. Die Gepäckablagen verlaufen längs über der Sitzen. In den beiden Endräumen sind Klappsitze montiert. In einem Endraum befindet sich ein WC. Neben dem herkömmlichen offenen System wurden in verschiedenen Wagen unterschiedliche geschlossene Systeme eingebaut.

Bei den Byd 439.9 wurde ein Fahrgastraum am Wagenende zum Mehrzweckraum umgestaltet, in dem die festen Sitzbänke durch Klappsitze an den Längsseiten ersetzt wurden.

Elektrik. Die Wagen sind mit Ein- oder Mehrspannungsanlagen ausgerüstet. Sie werden über Achsgeneratoren oder, wie bei den AByz 407 und Byz 439 aus der Zugsammelschiene mit Energie versorgt, die in einer Batterie unter dem Wagenboden zwischengespeichert wird.

Leuchtstofflampen mit dezentralen Vorschaltgeräten sorgen für Helligkeit in den Wagen.

TECHNISCHE DATEN		
Länge über Puffer		26.400 mm
Wagenkastenbreite		2.825 mm
Wagenhöhe über SO		4.050 mm
Dienstmasse		40.000 kg
Drehgestellbauart		Görlitz V mod oder Görlitz VI oder GP 200 S
Höchstgeschwindigkeit		140/160 km/h
Bremse		‹R› KE-GPR (D)*
Großräume		3
Sitzplätze		
ABy 407	1.-Klasse	25
	2.-Klasse	46
By 438	2. Klasse	86
Heizung		Lhzde
Erstes Baujahr		1991

Wie alle hier beschriebenen Bauarten entstand der Bn 455 mit der Nummer 50 80 22-33 427-2 aus einem klotzgebremsten Nahverkehrswagen.

Wie bei den gemischtklassigen RegionalBahn-Wagen wurden auch bei den 2.-Klasse-Wagen alte Nahverkehrswagen als Spenderfahrzeuge herangezogen. Die hier vorgestellten Bauarten entstanden alle aus den ehemaligen Bauarten Bn 719 und Bn 720.

Entwicklung. Die Bn 432 waren neben den ABn 402 als zweite Gattung für den Großraum Stuttgart beschafft worden. Inzwischen wurden einige von ihnen bei Hauptuntersuchungen an die Bn 447 angeglichen.

Die RB-Wagen der ersten großen Umbauserien sind unter den Bezeichnungen Bn 433 und Bn 434 zusammengefasst. Sie wurden von verschiedenen bahneigenen Werken gebaut und sind praktisch über alle westlichen Bundesländer verteilt.

Auch Industriebetriebe beteiligten sich am Umbau der RegionalBahn-Wagen. So entstanden 1992/1993 beim italienischen Hersteller Fervet die Bn 440 und Bn 441.

Der Waggonbau OFV im italienischen Verona bekam ebenfalls einen Umbauauftrag. Hier entstanden ab 1993 die 2.-Klasse-Wagen Bn 447 und Bn 448 in verschiedenen Unterbauarten.

Die letzten Wagen aus den Bn 719 und Bn 720 waren die von der PFA in Weiden zwischen 1993 und 1995 gelieferten Bn 454 und Bn 455.

Wagenbau. Alle hier vorgestellten Wagen laufen auf klotzgebremsten Drehgestellen der Bauart MD 42. Auf ein Drehgestell wirkt die Handbremse.

Die Stirnübergänge sind mit Gummiwülsten gesichert und können durch Rolltore verschlossen werden. An den beiden Einstiegsräumen geben Doppel-Drehfalttüren eine Öffnung mit einer Weite von 1.450 mm frei.

Innenraum und Elektrik. Die beiden Einstiegsräume trennen drei Fahrgasträume voneinander. Die restliche Flä-

Die Wagen der Bauart Bn 447 und 448 wurden von OFV in Verona geliefert (Bn 448, 50 80 22-54 024-1).

che des Innenraums nehmen die beiden Vorräume an den Wagenenden ein.

Die Anordnung der Sitze ist mit offenen Vis-à-vis-Abteilen die gleiche wie bei den Spenderwagen. Der Kunststoffbezug der Sitze wurde allerdings durch einen Stoffbezug ersetzt und die Quergepäckablagen durch solche in Längsrichtung ausgetauscht.

In den Vorräumen an den Wagenenden sind je zwei Klappsitze und eine Toilette mit offenem WC-System.

Bei den Bauarten Bn 454 und Bn 455 wurden die alten Sitzbänke gegen solche ausgetauscht, wie sie auch in den Byu 438 Verwendung fanden. Über jedem offenen Abteil ist eine L-förmige Gepäckablage. Am Ende des Nichtraucherbereichs wurde ein Abteil durch eine „Hockecke" mit drei Klappsitzen ersetzt.

Die Energieversorgung erfolgt über die Zugsammelschiene oder über Achsgeneratoren. Beleuchtet werden die Wagen mittels Leuchtstofflampen. Die Belüftung übernhemen statische Lüfter. Die Heizung arbeitet elektrisch oder mit Dampf.

Die Wagen besitzen eine Lautsprecheranlage sowie die für den Wendezugbetrieb nötigen Einrichtungen.

TECHNISCHE DATEN		
Länge über Puffer		26.400 mm
Wagenkastenbreite		2.825 mm
Wagenhöhe über SO		4.050 mm
Dienstmasse (Durschschnitt)		29.000 kg
Drehgestellbauart		MD 42
Höchstgeschwindigkeit		140 km/h
Bremse		KE-GP-A
Großräume		3
Sitzplätze		96
Heizung		ElHzs/Nkohzs
Erstes Baujahr	Bn 432	1988
	Bn 433/434	1989
	Bn 440/441	1992
	Bn447/448/454/455	1993

Der Bnrz 436 mit der Nummer 50 80 22-33 34 231-7 gehört zu den früh umgebauten Wagen, bei denen sich noch alle Fenster in den Fahrgastabteilen öffnen lassen.

Die Mitte der 1960er-Jahre von der DB beschafften Nahverkehrswagen der Bauarten Bn(z) 723 und Bnr(z) 725 wurden ebenfalls in das Umbauprogramm für RegionalBahn-Wagen aufgenommen.

Entwicklung. Mit den Bnrz 436 entstand aus den 725ern in verschiedenen deutschen Ausbesserungswerken eine erste größere Serie, die für den Einsatz in den Großräumen Hannover, Rhein-Ruhr und Saarbrücken vorgesehen war.

Beim italienischen Hersteller Fervet wurden 1992 und 1993 die Bnrz 725 zur Bauart Bnrz 443 umgebaut.

Neben Fervet beteiligte sich auch der Waggonbau OFV im italienischen Verona am Umbau der RB-Wagen. Hier wurden die Bnrz 451 gebaut, für die Bnrz 725 als Spender dienten. Speziell für den Einsatz in Schleswig-Holstein entstanden die Bnrz 446 aus den Bnrz 725.

Auch die PFA in Weiden übernahm den Umbau von Nahverkehrs- zu RegionalBahn-Wagen. Hier entstand zwischen 1993 und 1995 die Gattung Bnrz 457 ebenfalls aus den Bnrz 725.

Nur für die bei OVF hergstellte Bauart Bn 449 dienten Wagen der Bauart Bn(rz) 723 als Spender.

Wagenbau. Die Fahrzeuge haben Drehgestelle der Bauart Minden-Deutz 43 mit Scheibenbremsen, mit denen sie bis zu einer Geschwindigkeit von 140 km/h eingesetzt werden können. Eine Feststellbremse hindert die Wagen am selbstständigen Wegrollen.

Während bei den ersten Umbauten nur öffnungsfähige Abteilfenster verwendet wurden, ist bei den später umgebauten Fahrzeugen jedes zweite Fenster einteilig und fest.

Die Einstiegsräume der meisten Wagen werden von außen durch zweiflügelige Drehfalttüren betreten. Bei der

Bei einigen Wagen wurde ein Fahrgastraum in einen Mehrzweckraum umgewandelt, der von außen durch das Fahrradpiktogramm erkennbar ist (Bnrdz 451.9, 50 80 84-34 214-8).

Unterbauart Bnrz 451.5 wurden die Drehtüren durch Schiebetüren ersetzt.

Innenraum. Die Sitzbänke wurden neu gepolstert und mit Stoff bezogen. Gepäckablagen befinden sich in Längsrichtung über den Fenstern.

Bei den PFA-Wagen wurden die alten Sitzbänke gegen solche ausgetauscht, wie sie auch in den Byu 438 Verwendung fanden. Über jedem offenen Abteil befindet sich eine L-förmige Gepäckablage. Am Ende des Nichtraucherbereichs wurde ein Abteil durch eine „Hockecke" mit drei Klappsitzen ersetzt.

Elektrik. Während die Bauarten 449 und 451 ihren Strom mit Achsgeneratoren produzieren, bekommen ihn die restlichen hier vorgestellten Bauarten aus der Zugsammelschiene.

Im Dachscheitel sind in Längsrichtung Leuchtstofflampen zu einem Leuchtband zusammengefasst. Belüftet werden die Wagen über statische Dachlüfter der Bauart Kuckuck. Die Heizung erfolgt elektrisch.

Eine 36-polige Wendezugsteuerleitung und eine zwölfpolige Durchgangsleitung sind vorhanden. Bei einigen Wagen ist eine Lautsprecheranlage installiert.

TECHNISCHE DATEN		
Länge über Puffer		26.400 mm
Wagenkastenbreite		2.825 mm
Wagenhöhe über SO		4.050 mm
Dienstmasse (Durchschntt)		29.000 kg
Drehgestellbauart		MD 43
Höchstgeschwindigkeit		140 km/h
Bremse		‹R› KE-GPR-A (D)
Großräume		3
Sitzplätze		96
Heizung		ElHzs/Nkohzs
Erstes Baujahr	436	1989
	443	1992
	446/449/451/457	1993

Die aus den „Silberling"-Bauarten Bnrz 724 und 728 enstandenen Wagen unterschieden sich durch ihre steilen Dachenden von den anderen RB-Wagen (Bnrz 450, 50 80 22-35 911-3).

Jene Fahrzeuge, die aus den Lazarett-Wagen der Bauart Bnrz 724 und den daraus abgeleiteten Nahverkehrswagen der Bauart Bnrz 728 entstanden sind, bilden die letzte große Gruppe der Regional-Bahn-Wagen. Alle diese Wagen sind an den steilen Dachenden erkennbar.

Entwicklung. Auch hier waren deutsche Ausbesserungswerke und italienische Firmen für den Umbau verantwortlich.

Aus den DB-Ausbesserungswerken stammen die Bauarten Bnrz 437 (aus Bnrz 728). Der italienische Hersteller Fervet lieferte die ebenfalls aus Bnzr 728 entstandenen Bnrz 444. Von OFV in Verona kamen die Bnrz 452 mit Unterbauarten und ein Teil der aus Bnrz 724 umgebauten Bnrz 450. Die Fahrzeuge der Unterbauart 450.3 wurden allerdings in Deutschland umgebaut.

Wagenbau. Die Wagen laufen auf Drehgestellen der Bauart MD 43 mit Scheibenbremsen, die für eine Höchstgeschwindigkeit von 140 km/h zuglassen sind. Die Handbremse befindet sich in einem Einstiegsraum und wirkt auf ein Drehgestell.

Untergestell und Wagenkasten bestehen aus Abkantprofilen und sind mit nichtrostenden Edelstahlblechen verkleidet. Gummiwülste und zweiflügelige Schiebetüren sichern die Wagenübergänge zu den Nachbarfahrzeugen.

Bei einigen Wagen wurden die Querwände erneuert und mit Glasscheiben im oberen Bereich ausgestattet. Dabei wurde ein Teil der doppelflügeligen Innenschiebetüren durch einflügelige ersetzt. Diese Wagen sind in unterschiedlichen Unterbaureihen eingereiht.

Innenraum. In den Innenräumen wurden die ursprünglichen Sitzbänke weiterverwendet. Die von OFV gelieferten Wagen haben mit grünem Stoff bezogene Sitze, bei den anderen Wagen wurde

Bei der Unterbauart Bnrdz 450.9 wurde ein Fahrgastraum zum Mehrzweckraum umgestaltet. Er dient u. a. zur Mitnahme von Fahrrädern, wie der Bnrdz 452.9 mit der Nummer 50 80 84-34 112-4 beweist.

blauer Stoff verwendet. Teilweise sind Armlehnen aus Holz montiert. Gepäckablagen befinden sich in Längsrichtung über den Fenstern.

Die Versorgung der elektrischen Verbraucher erfolgt über die Zugsammelschiene aus der Lokomotive und eine zwischengeschaltete Speicherbatterie mit anschließendem Wechselrichter. Die Leuchtstofflampen sind in Aufbauleuchten im Scheitel der Innendächer montiert.

Je nach Unterbauart haben die Wagen offene oder geschlossene WC-Systeme mit WC- und Waschbecken. Für die Wasserversorgung sind beheizte Tanks im Dachraum über den Toiletten eingebaut.

Elektrik. Statische Dachlüfter der Bauart Kuckuck übernehmen die Belüftung der Wagen. Die elektrische Heizung lässt sich stufenlos einstellen und wird über Thermostate geregelt.

An einem Wagenende sind in einem Schaltschrank die Steuer- und Überwachungsinstrumente der elektrischen Einrichtungen zu finden.

Eine 36-polige Wendezugsteuerleitung, eine zwölfpolige Durchgangsleitung und eine Lautsprecheranlage vervollständigen die Ausstattung.

TECHNISCHE DATEN		
Länge über Puffer		26.400 mm
Wagenkastenbreite		2.825 mm
Wagenhöhe über SO		4.050 mm
Dienstmasse (Durschschnitt)		30.000 kg
Drehgestellbauart		MD 43
Höchstgeschwindigkeit		140 km/h
Bremse		‹R› KE-GPR-A (D)
Großräume		3
Sitzplätze		96
Heizung		ElHzs
Erstes Baujahr	437	1989
	444	1992
	450/452	1993

Bypz 456, ABpybdzf 484

Die Wagen der hier vorgestellten Bauarten sind modular aufgebaut, so dass sie sich schnell nach den Wünschen der Kunden gestalten lassen („Mittelwagen“ Bpyz 456, 50 80 21-33 225-1).

Mitte der 1990er-Jahre stellte die PFA (Partner für Fahrzeug-Ausstattung GmbH) in Weiden eine völlig neue Vorgehensweise zur Aufarbeitung alter Nahverkehrswagen vor.

Entwicklung. Bei diesem Umbau blieben von den Spenderwagen der DR-Bauart Bmh nur die Laufwerke und Untergestelle erhalten. Der Wagenkasten wurde nach neuesten Gesichtspunkten der Leichtbautechnik, die auch im Omnibusbau zum Einsatz kamen, entwickelt.

Es entstand ein modularer Aufbau, der Untergestell, Wagenkasten und Inneneinrichtung umfasste, so dass die einzelnen Elemente schnell an die Wünsche der Kunden angepasst werden konnten.

Die Deutsche Bahn beschaffte zwei Ausführungen, die 2.-Klasse-„Mittelwagen“ der Bauart Bypz 456 und die Steuerwagen der Bauart ABpybdzf 484.

Heute werden die Wagen als artreine Garnituren im Großraum Würzburg/ Nürnberg eingesetzt. Nur in Ausnahmefällen werden „normale“ Regional-Bahn-Wagen in die Züge eingestellt.

Wagenbau. Die Wagen bekamen Drehgestelle der Bauart GP 200 S, die beim Umbau von Schnellzugwagen der Bauart Bom 281 frei geworden waren. Bei den Steuerwagen wurden die Scheibenbremsen um eine Zusatzbremse ergänzt.

Das geschweißte Untergestell aus stählernen Abkantprofilen wurde unverändert von den Spenderwagen übernommen. Ein Sickenfußboden liefert die nötige Aussteifung.

Die Stirnübergänge sind durch normale Gummiwülste gesichert, so dass die Wagen auch mit anderen Bauarten gekuppelt werden können. Einflügelige Schiebetüren schließen die Übergänge ab.

Große Doppel-Schwenkschiebetüren ermöglichen einen bequemen Zutritt zu den Wagen. Die elektropneumatisch betriebenen Türen können sowohl vom Triebfahrzeugführer als auch von den Fahrgästen bedient werden.

Bei den DB-Wagen ist die 1. Klasse nur in den Steuerwagen der Bauart ABpybdzf 484 unmittelbar hinter dem Führerraum zu finden (50 80 80-35 805-6).

Die bündig eingesetzten Doppelfenster sind von außen auf die Seitenwände aufgeklebt und schwarz umrandet. Dadurch ergibt sich wie beim ICE der Eindruck eines durchlaufenden Fensterbands ohne Fensterstege.

Innenraum. Der Innenraum teilt sich in zwei Einstiegsräume und mehrere Fahrgast-Großräume auf. Die Sitze wurden vis-à-vis und in Reihe eingebaut. Bei der Reihenbestuhlung ist an der Rückseite jedes Sitzes ein Klapptisch montiert. Über den Fenstern sind Längsgepäckablagen angeordnet.

Der Führerraum der Steuerwagen hat eine komplette Steuereinrichtung, mit der elektrische und Diesellokomotiven ferngesteuert werden können.

Elektrik. Auf dem Dach über den Einstiegsräumen wurden Kompakt-Klimageräte montiert.

Die Wagen beziehen ihre Energie aus der Zugsammelschiene, aus der über einen Gleichrichter auch eine Speicherbatterie geladen wird. Zwei außermittig in die Decke eingelassene Leuchtbänder sorgen mit ihren Leuchtstofflampen für Helligkeit in den Innenräumen. Die zusätzlichen Leseleuchten sind einzeln schaltbar.

Das Fahrgast-Informations-System umfasst neben Lautsprechern und Zugzielanzeigern auch Notrufeinrichtungen, mit denen das Zugpersonal alarmiert werden kann. An den Außenseiten sind in der Mitte der Längsseiten Zugzielanzeiger zu finden.

TECHNISCHE DATEN		
Länge über Puffer		26.400 mm
Wagenkastenbreite		2.830 mm
Wagenkastenhöhe		3.690 mm
Dienstmasse	Bypz 456	39.000 kg
	ABpybdzf 484	41.000 kg
Drehgestellbauart		‹R› GP 200 S
Höchstgeschwindigkeit		140 km/h
Sitzplätze	Bypz 456	86
	ABpybdzf	22/24*
Heizung		Klimaes
Bremse		‹R› KE-GPR-A(mZ)** (D)
Erstes Baujahr		1998

* 1.-/2.-Klasse ** nur bei ABpybdzf 484

Bnrdzf 460, 463, 470, 476, 477

Der BDnrzf 463 mit der Nummer 50 80 82-34 176-1 gehört zu den wenigen Wagen, bei denen die vierteiligen Falttüren am Gepäckabteil erhalten blieben.

Neben reinen Sitzwagen wurden auch Nahverkehrs-Steuerwagen der Gattung BDnrzf 740 in das Umbauprogramm für RegionalBahn-Wagen aufgenommen.

Entwicklung und Wagenbau. Um den Betrieb auf der 1984 eröffneten Verbindung Köln – Gummersbach effizient abwickeln zu können, wurden zunächst sieben Wagen umgebaut und als BDnrzf 460 bezeichnet. Mit den BDnrzf 463 entstand die erste Serienausführung modernisierter Steuerwagen. Sie waren für die Großräume Hannover, Saarbrücken und Rhein-Ruhr vorgesehen.

Auch der italienische Waggonbauer Fervet lieferte neben reinen Sitzwagen umgebaute Steuerwagen an die DB. Die ab 1993 gebauten Wagen wurden als BDnrzf 470 eingereiht. Die Wagen der Bauart BDnrzf 477 wurden nach dem Design der italienischen OFV eingerichtet. Die Wagen der Bauart Bnrbdzf 476 bekamen die vom Land Schleswig-Holstein gewünschte Sonderausstattung.

Beim Umbau blieben die Laufwerke unverändert. Die Wagen laufen also auf scheibengebremsten Drehgestellen der Bauart MD 43 mit Zusatzgeräten für den Wendezugeinsatz. Das Drehgestell unter dem Führerstand hat eine Sandstreueinrichtung und einen Schaltmagnet.

Zwischen den Fahrgasträumen befindet sich ein Einstiegsraum mit doppelten Drehfalttüren. Beim Einstiegsraum zwischen Gepäckraum und Fahrgastraum begnügte man sich meist mit einfachen Drehfalttüren. Es gibt aber auch Wagen, die hier Doppeltüren haben.

Im Gegensatz zur Inneneinrichtung blieb der Grundriss unverändert. Die neuen Doppelsitze mit orangerotem Polster sind teils in Reihe, teils vis-à-vis eingebaut. In Längsrichtung über den Fenstern wurden neue Gepäckablagen montiert. Der Fußboden und die inneren Wände wurden neu verkleidet.

Innenraum. Für eine kostengünstigere und schnellere Fertigung wurde bei den 463 und den folgenden Bauarten auf

Die Bnrdzf 477 entstanden wie alle auf dieser Seite vorgestellten Wagen aus der Bauart BDnrzf 740. Die Wagen wurden innen nach dem OFV-Design eingerichtet (50 80 82-34 337-9).

die Neubestuhlung verzichtet. Man begnügte sich mit der Aufarbeitung der alten Sitzgestelle. Bei den Fervet-Wagen wurden die Sitze mit dunkelblauem Stoff bezogen, die Quergepäckablagen gegen solche in Längsrichtung ausgetauscht. In die Trennwände zwischen Fahrgast- und Einstiegsräumen wurden Fenster eingesetzt.

Im Gepäckraum wurden die Ladetüren entfernt und Klappsitze eingebaut, so dass ein Mehrzweckraum entstand.

Im Führerraum ist ein kompletter Führertisch untergebracht, mit dem sowohl Diesel- als auch Elloks ferngesteuert werden können. Beleuchtet werden die Wagen mit Leuchtstofflampen.

Die BDnrzf 477 sind ohne WC, andere Bauarten sind entweder mit offenen oder geschlossenen WC-Systemen ausgestattet.

Elektrik. Die elektrische Versorgung erfolgt über die Zugsammelschiene. In Längsrichtung angeordnete Leuchtstofflampen sorgen für die Beleuchtung. Belüftet werden die Wagen über statische Dachlüfter, beheizt werden sie elektrisch. Eine zwölfpolige Durchgangsleitung, und eine Lautsprecheranlage ergänzen die Ausstattung.

TECHNISCHE DATEN		
Länge über Puffer		26.400 mm
Wagenkastenbreite		2.825 mm
Wagenhöhe über SO		4.050 mm
Dienstmasse	460	36.000 kg
	463	32.500 kg
	470	34.000 kg
	477	32.000 kg
Drehgestellbauart		MD 43
Höchstgeschwindigkeit		140 km/h
Bremse		‹R› KE-GPR-A (D)
Sitzplätze	460	60
	463/470	64
	477	78
Heizung		ElHzs
Erstes Baujahr	460	1984
	463	1989
	470/477	1993

Bndf 464, 478

Die Wagen der Bauart Bndf 464 entstanden überwiegend aus den „Silberling"-Steuerwagen BDnf 735. Auf die sonst bei Steuerwagen übliche Zusatzbremse wurde hier verzichtet (50 80 82-53 791-3).

Mit den Bndf 464 entstand ab 1991 die erste Serienausführung modernisierter Steuerwagen. Sie waren für die Großräume Hannover, Saarbrücken und Rhein-Ruhr vorgesehen. Spenderwagen waren die Bauarten BDnf 735 und BDnf 738.

Entwicklung. Während die Bauart Bndf 464 nach dem Design „Hannover" in deutschen Ausbesserungswerken hergestellt wurde, stammen die ab 1993 gelieferten Bndf 478 aus Verona und sind nach dem Design der OFV gestaltet.

Wagenbau. Die klotzgebremsten Laufwerke der Bauart MD 42 sind u. a. mit Schienenräumern, Sandstreueinrichtungen und Schaltmagneten für den Wendezugeinsatz ausgestattet. Bei den Bndf 478 ist außerdem eine Zusatzbremse vorhanden.

Untergestell und Wagenkasten bestehen aus Stahlprofilen und sind mit nichtrostenden Edelstahlblechen verkleidet.

Den Einstieg bilden doppelte oder einfache, automatisch zu schließende Drehfalttüren mit festen Trittstufenkästen. Bei den Unterbauarten Bndf 464.1 und Bndf 478.2 haben die Einstiegsräume neben dem Mehrzweckraum doppelte Drehtüren statt der üblichen einfachen.

Der Stirnübergang wird durch einen Gummiwulst und ein Rolltor gesichert.

Die Seitenfenster der Abteile sind 1.200 mm breit und abwechselnd fest oder zu öffnen. Bei einigen Wagen wurden Fenster in die Quertrennwände eingebaut.

Innenraum. Auf eine Neubestuhlung wurde verzichtet. Die alten Sitze wurden lediglich neu gepolstert und mit blauem Stoff bezogen, die Sitzgestelle neu gestrichen.

Gepäckablagen befinden sich in Längsrichtung über den Fenstern.

Geändert wurde hingegen der Gepäckraum. Hier wurden die Ladetüren

Ein besonderes Merkmal der Bndf 478 ist die fehlende Toilette. Wie bei den meisten Wagen ist auch beim 50 80 82-53 918-2 der Mehrzweckraum von außen durch ein Fahrrad-Piktogramm gekennzeichnet.

entfernt und Klappsitze sowie Seitenfenster eingebaut, so dass ein Mehrzweckraum entstand.

Im Vorraum haben die Bndf 464 ein offenes WC-System mit Waschgelegenheit. Der Wasserbehälter über der Toilette ist an die Wagenheizung angeschlossen, so dass das Wasser im Winter nicht einfrieren kann. Bei der Bauart Bndf 478 wurde auf die Toilette verzichtet.

Im Führerraum ist ein kompletter Führertisch mit Sifa, Indusi, Führerbremsventil und Zugbahnfunk untergebracht. Für das Personal wurden zwei Sitzgelegenheiten eingebaut.

Je nach Steuertisch ist der Betrieb von Diesel- und Elloks möglich.

Elektrik. Beim Großteil der Wagen kann die Heizung mit Dampf und elektrisch betrieben werden. Die restlichen Wagen werden nur elektrisch beheizt. Die elektrische Versorgung erfolgt je nach Spenderwagen über Achsgeneratoren oder die Zugsammelschiene.

Für die Beleuchtung sorgen Leuchtstofflampen, die über einen Wechselrichter aus der unter dem Wagenboden aufgehängten Speicherbattrie gespeist werden. Über den Stirnfenstern ist ein beleuchteter Zugzielanzeiger eingebaut.

TECHNISCHE DATEN		
Länge über Puffer		26.400 mm
Wagenkastenbreite		2.825 mm
Wagenhöhe über SO		4.050 mm
Dienstmasse	464	31.000 kg
	478	32.000 kg
Drehgestellbauart		MD 42
Höchstgeschwindigkeit		140 km/h
Bremse		KE-GP-A
Sitzplätze	464	64
	478	78
Heizung		ElHzs/Nkohzs
Erstes Baujahr	464	1991
	478	1993

Bnrdzf 465, 479, 481

Die Steuerwagen der Bauart Bndzf 479 entstanden in deutschen Ausbesserungswerken aus den BDn 742. Sie wurden mit „Wittenberger“ Kopf, aber ohne Toiletten geliefert (50 80 80-33 640-9).

Trotz des Umbaus der meisten Nahverkehrs-Steuerwagen für den Regional-Bahn-Betrieb herrschte Anfang der 1990er-Jahre noch immer ein Mangel an modernen Steuerwagen. Deshalb ließ die DB auch in Wagen, aus denen die Steuereinrichtung zuvor ausgebaut worden war, wieder Führerstände einbauen. Außerdem wurden normale „Silberlinge“ zu Steuerwagen umgebaut.

Entwicklung. Einige der ehemaligen Steuerwagen der Bauart BDn 742 wurden zu Bndrzf 465 umgebaut. Sie bekamen im Gegensatz zu den anderen hier vorgestellten Wagen einen Steuerkopf in der alten „Karlsruher“ Form. Später umgebaute BDn 742 erhielten den Steuerkopf der Bauart „Wittenberge“ und wurden als Bndzf 479 in Dienst gestellt.

Die reinen Sitzwagen der Bauart Bn 719 gingen über in Bndzf 481, ebenfalls mit „Wittenberger“ Kopf.

Wagenbau. Je nach Spenderwagen sind klotzgebremste Laufwerke der Bauart MD 42 (Bndzf) oder MD 43 mit Scheibenbremsen (Bnrdzf) vorhanden. Sie sind u. a. mit Schienenräumern, Sandstreueinrichtungen und Schaltmagneten ausgestattet.

Untergestell und Wagenkasten bestehen aus Stahlprofilen und sind mit nichtrostenden Edelstahlblechen verkleidet.

Ein Gummiwulst und ein Rolltor sichern den Stirnübergang. Die Fenster sind 1.200 mm breit und abwechselnd fest oder zu öffnen.

Zwischen den Fahrgasträumen befinden sich Einstiegsräume mit doppelten Drehfalttüren. Beim Bnrdzf 465 hat der Zugang zum Mehrzweckraum allerdings nur einfache Drehtüren.

Innenraum. Statt des Gepäckraums entstand ein Mehrzweckraum. Dafür wurden die Ladetüren ausgebaut und Fenster eingesetzt.

Die Wagen behielten ihre ursprünglichen Sitzbänke. Während bei den Bnrdzf 465 die Inneneinrichtung im Design „Hannover“ aufgearbeitet wurde,

Für die Bndzf 481 wurden „normale" Wagen der Bauart Bn 719 herangezogen. Sie sind an den sechs Fenstern zwischen den Einstiegsräumen erkennbar (50 80 80-35 112-7).

bekamen die bei der italienischen Firma OFV aufgearbeiteten Bauarten 479 und 481 die OFV-Innenraumgestaltung mit grünen Sitzbezügen. Gepäckablagen befinden sich in Längsrichtung über den Fenstern.

Während man bei den Bauarten 465 und 479 ganz auf das WC verzichtet hatte, befindet sich bei den 481 ein offenes WC-System mit Waschgelegenheit am hinteren Wagenende.

Im Mehrzweckraum wurden Klappsitze an den Seitenwänden und Halterungen für Fahrräder montiert.

Im Führerraum sind zwei Sitzgelegenheiten sowie ein kompletter Führertisch mit Sifa, Indusi, Führerbremsventil und Zugbahnfunk untergebracht. Die Steuertische ermöglichen den Betrieb von Diesel- oder elektrischen Lokokomotiven.

Elektrik. Die elektrische Versorgung erfolgt bei allen Bauarten über die Zugsammelschiene, die die unter dem Wagenboden aufgehängte Speicherbatterie über einen Gleichrichter speist. Die Leuchtstofflampen werden über einen Wechselrichter aus der Batterie versorgt.

Über den Stirnfenstern ist ein beleuchteter Zugzielanzeiger eingebaut.

Ein Teil der Wagen mit „Wittenberger Steuerkopf" hat zusätzlich zu den beiden unteren Frontscheinwerfen zwei „Fernlicht"-Scheinwerfer bekommen.

TECHNISCHE DATEN		
Länge über Puffer		26.400 mm
Wgenkastenbreite		2.825 mm
Wagenhöhe über SO		4.050 mm
Dienstmasse	465	32.500 kg
	479/481	32.000 kg
Drehgestellbauart	465/479	MD 43
	481	MD 42
Höchstgeschwindigkeit		140 km/h
Bremsbauart	465/479	‹R› KE-GPR-A (D)
	481	‹R› KE-GPR-A mZ
Sitzplätze		78
Heizung		ElHzs
Erstes Umabujahr	465	1991
	479/481	1993

Bybdzf 482

Die „Abellio Rail" hat drei Bybdzf 482 von der DB angemietet und setzt sie in ihren Farben von Essen aus im Regionalverkehr ein. Die Aufnahme zeigt den Wagen 50 00 80-35 665.

Aus den Nahverkehrswagen der ehemaligen DR entstanden neben Sitzwagen auch die RB-Steuerwagen Bybdzf 482. Sie haben alle einen Steuerkopf der Bauart „Wittenberge".

Entwicklung. Weil die Deutsche Reichsbahn der DDR keine einstöckigen Steuerwagen bauen ließ, herrschte nach der Wiedervereinigung im Osten Deutschlands ein Mangel an solchen Wagen. Deshalb entstanden im Rahmen der Umbauarbeiten der Bmh 721 zu RegionalBahn-Wagen auch die Bybdzf 482.

Wagenbau. Die Wagen laufen auf modifizierten Drehgestellen der Bauart Görlitz V. Sie sind mit einer Klotz- und einer Zusatzbremse ausgerüstet. Außerdem sind am Drehgestell unter dem Führerstand Sandstreuanlage, Schienenräumer und ein Schaltmagnet vorhanden.

Untergestell und Wagenkasten bestehen vorwiegend aus Abkantprofilen und sind für den Einbau einer automatischen Kupplung vorbereitet.

Ein Gummiwulst mit Übergangsbrücke und Schiebetür sichert den Stirnübergang. Die beiden Einstiegsräume werden über feste Trittstufen durch doppelte Drehfalttüren betreten.

Die 1.200 mm breiten Fenster sind abwechselnd einteilig oder können geöffnet werden.

Innenraum. Der Innenraum teilt sich in zwei Großräume mit fester Bestuhlung und einen Mehrzweckraum hinter dem Führerstand auf. Die neuen, für RegionalBahn-Wagen entwickelten Sitze sind mit blaugrauem Stoff bezogen und wurden teils in Reihe und teil vis-à-vis angeordnet. Klappbare Kindersitze können zusätzlich zu den Gepäckablagen über den Seitenfenstern als Stauraum verwendet werden.

Im Mehrzweckraum sind Klappsitze an den Seitenwänden und Halterungen für Fahrräder vorhanden.

In den Wagen der Unterbauart .2 können Fahrgäste an Getränkeautomaten Erfrischungen kaufen.

Die Steuerwagen der Bauart Bybdzf 482 entstanden aus den ehemaligen Reichsbahn-Wagen der Bauart Bmh. Sie werden hauptsächlich in den östlichen Bundesländern eingesetzt (50 80 80-35 568-0).

Im Endraum ist ein behindertengerechtes WC angeordnet, das bei der Unterbauart .0 als offenes WC ausgeführt ist. Die Unterbauarten .1 und .2 besitzen ein geschlossenes WC, bei den .3 wurde ein Bio-WC eingebaut.

Der komplett eingerichtete Führerstand ermöglicht ohne Umrüstung den Betrieb von Diesel- oder Elloks. Die Wagen verfügen über eine 36-polige Steuerleitung und eine zeitmultiplexe Wendezugsteuerung (ZWS).

Elektrik. Die Energieversorgung erfolgt über die Zugsammelschiene. Beleuchtet werden die Wagen mittels Leuchtstofflampen, die ihre Energie über einen Wechselrichter aus der unter dem Wagenboden aufgehängten Speicherbatterie beziehen. Über eine vollständige Lautsprecheranlage werden die Reisenden mit Informationen versorgt.

Im Rahmen einer Sonderarbeit erhielten einige Wagen neben den unteren Spitzenlampen zwei zusätzliche Halogenscheinwerfer. Diese Fahrzeuge wurden willkürlich aus der Serie herausgegriffen.

Die meisten Wagen sind in den ostdeutschen Bundesländern zu finden. „Abellio Rail“ mietete drei Wagen an und setzt sie von Essen aus ein.

Vier Wagen wurden in den „Schleswig-Holstein-Express“ eingereiht. Sie bekamen u. a. Schwenk-Schiebetüren und einen Hublift für Rollstühle. Die Sitze wurden mir dunkelblauem Stoff bezogen.

TECHNISCHE DATEN	
Länge über Puffer	26.400 mm
Wagenkastenbreite	2.825 mm
Wagenhöhe über SO	4.050 mm
Dienstmasse	41.000 kg
Drehgestellbauart	Görlitz V mod
Höchstgeschwindigkeit	140 km/h
Bremse	‹R› KE-GPR-mZ
Sitzplätze	61
Heizung	Lhze
Erstes Baujahr	1994

Die Baurt Bnrdzf 483 hat auf jeder Seite an einer der Einstiegstüren eine klappbare Haltestange, so dass auch Rollstuhlfahrer über einen Lift bequem in die Wagen gelangen können (50 80 80 -35 122-6).

Die Bnrdzf 483 wurden mit einer Inneneinrichtung nach dem Design der italienischen OFV ausgestatt. Spender war hier die Bauart BDnrzf 739.

Entwicklung und Wagenbau. Die Wagen laufen auf Drehgestellen der Bauart MD 43 mit Scheiben- und Zusatzbremse.

Zwischen den Fahrgasträumen befindet sich ein Einstiegsraum mit doppelten Drehfalttüren. Die Ladetüren am Gepäckraum wurden ausgebaut und ein Mehrzweckraum mit Klappsitzen und Fahrradhalterungen eingerichtet.

Ein Gummiwulst und ein Rolltor sichern den Stirnübergang. Die Fenster sind 1.200 mm breit und abwechselnd fest oder zu öffnen.

Innenraum und Elektrik. Die Innenraumgestaltung entspricht dem OFV-Design. Die Vis-à-vis-Sitzanordnung blieb erhalten. Sitze und Rückenlehnen bekamen einen neuen blaugrünen Stoffbezug. Die Kopfpolster wurden mit grauem Kunststoff bezogen. Über den Fenstern sind Längsgepäckablagen montiert. Die für Schleswig-Holstein umgebauten Wagen haben Fenster in den Quertrennwänden.

Im Mehrzweckraum sind Klappsitze, Fahrradhalterungen und Stellplätze für Rollstühle untergebracht.

Die Steuertische ermöglichen den Betrieb von Diesel- oder Elloks. Beleuchtet werden die Wagen mit Leuchtstofflampen, die ihre Energie über die Speicherbatterie aus der Zugsammelschiene bekommen.

TECHNISCHE DATEN	
Länge über Puffer	26.400 mm
Wagenkastenbreite	2.825 mm
Wagenhöhe über SO	4.050 mm
Dienstmasse	34.000 kg
Drehgestellbauart	MD 43
Höchstgeschwindigkeit	140 km/h
Bremsbauart	‹R› KE-GPR-A mZ (D)
Sitzplätze	78
Heizung	ElHzs
Erstes Umabujahr	1993

Für die Beförderung von Fahrrädern ließ die DBRegio einige Halbgepäckwagen der Bauarten BDms 273 und 278 umbauen. Sie sind nun als Bduu 497 bezeichnet (50 80 84-33 268-5).

Die DBRegio übernahm Ende der 1990er-Jahre mehrere Halbgepäckwagen der Bauarten BDms 273 und BDms 278, die sie zu Fahrradtranportwagen umbauen ließ.

Entwicklung und Wagenbau. Die Drehgestelle der Spenderwagen blieben erhalten. Deshalb haben die Unterbauarten .0 und .1 klotzgebremste Drehgestelle der Bauart MD 33. Wagen mit Drehgestellen der Bauart MD 34 und Scheibenbremsen wurden der Unterbauart .2 zugewiesen.

Die Einstiegstüren für Reisende wurden wie die vierflügeligen Ladetüren durch Schiebetüren ersetzt. Die Türen am Gepäckraumende entfielen. Ein Teil der öffnungsfähigen Fenster wurde durch Festfenster ersetzt.

Innenraum und Elektrik. Die Abteile wurden ausgebaut und der Fahrgastraum in einen Großraum mit Mittelgang umgewandelt. Die neuen Sitze sind mit graugrünem Stoff bezogen. Sie entsprechen den Sitzen der zur gleichen Zeit gebauten Doppelstockwagen.

Der Gepäckraum wurde in einen Mehrzweckraum mit Fahrradhalter, Klappsitzen, Schaltschränken und Ski-Halterungen umgebaut.

Achsgeneratoren versorgen die Leuchtstofflampen in den Innenräumen. Eine 36-polige Steuerleitung ermöglicht den Einsatz der Wagen in Wendezügen.

TECHNISCHE DATEN		
Länge über Puffer		26.400 mm
Wagenkastenbreite		2.825 mm
Wagenhöhe über SO		4.050 mm
Dienstmasse		34.000 kg
Drehgestellbauart	497.0/.1	MD 33
	497.2	MD 36
Höchstgeschwindigkeit		140 km/h
Bremsbauart		‹R› KE-GPR-A (D)*
Sitzplätze		68
Heizung		ElHzs
Erstes Umabujahr		1997

* Scheibenbremsen (D) nur bei 497.2

Die DBRegio baute einige Gepäckwagen zu Fahrradtransportwagen um. Dafür wurden zwei Ladetore festgelegt und Fahrradständer eingebaut. Die Aufnahme zeigt den Dduu 498, Nummer 50 80 92-40 092-0.

Nachdem der Bedarf an Sitzwagen mit einer Länge von 26.400 mm gedeckt war, beschaffte die DB ab 1960 auch reine Gepäckwagen, um alte Vorkriegswagen zu ersetzen.

Entwicklung. 1960 wurde eine erste, 181 Wagen umfassende Serie als Dm(s) 902 gebaut. Die Nachfolgebauart Dms 905 wurde ab 1968 in Dienst gestellt. An den 177 Fahrzeugen dieser Serien fallen besonders die neuen Drehgestelle und die steilen Dachenden auf.

Ab Mitte der 1990er-Jahre begann die DBRegio mit dem Umbau der ihr zugeteilten Wagen zu Fahrradtransportwagen der Bauart Dd(uu) 498.

Wagenbau und Innenraum. Für die Dm(s) 902 wurden klotzgebremste MD-33-Drehgestelle verwendet. Die Dms 905 laufen auf Drehgestellen der Bauart MD 36 mit Scheibenbremsen. Wagen für den Einsatz in IC-Zügen sind zusätzlich mit einer Magnetschienenbremse ausgerüstet und für 200 km/h zugelassen.

Die Wagen werden durch Rolltore mit einer Öffnungsweite von 2.000 mm beladen. Bei vielen Wagen wurden zwei der vier Rolltore festgelegt, so dass sie nicht mehr genutzt werden können.

Das Innere der Wagen teilt sich in Fahrradraum, Vorraum, das WC und ein Dienstabteil. Die Fahrräder können in besonderen Haltern gesichert werden.

TECHNISCHE DATEN		
Länge über Puffer		26.400 mm
Wagenkastenbreite		2.825 mm
Wagenhöhe über SO		4.050 mm
Dienstmasse	Dm(s) 902	33.000 kg
	Dms 905	34.600 kg
Drehgestellbauart	Dm(s) 902	MD 33
	Dms 905	MD 36
Höchstgeschw.	Dm(s) 902	140 km/h
	Dms 905	160/200 km/h
Bremse	Dm(s) 902	‹R› KE-GPR
	Dms 905	‹R› KE-GPR-Mg (D)
Ladefläche		43,5 m^2
Heizung		ElHz/Hhzk
Erstes Baujahr	Dm(s) 902	1961
	Dms 905	1968

Bbd 499

Weil sich die DB AG noch nicht von den kurzen Reko-Gepäckwagen der Bauart BDwsb 270 trennen konnte, baute sie 1996 50 von ihnen in Fahrradtransportwagen der Bauart Bbd 499 um (50 80 84-33 201-6).

Mitte der 80er-Jahre bestand bei der DR ein Überhang an Reko-Wagen mit Gepäckabteil. Beim Umbau 1986/87 wurden u. a. ein behindertengerechtes Abteil und WC eingebaut.

Entwicklung. 1997 wurden einige der Wagen im Werk Gotha erneut umgebaut. Dabei entfielen der Gepäckraum und die Falttüren. Stattdessen wurde die Fahrradmitnahme ermöglicht. Das WC ist als geschlossenes System ausgeführt. Die Wagen wurden als Bbd 499 eingereiht.

Wagenbau. Die Wagen laufen auf Drehgestellen der Bauart Görlitz V mit Klotzbremsen. An einem Ende wurden die Drehfalttüren an den Einstiegen durch große Schiebetüren ersetzt.

Innenraum und Elektrik. Im Innenraum befinden sich zwei Fahrgasträume und das behindertengerechte WC mit Waschgelegenheit. Daran schließt sich der Mehrzweckraum mit Fahrradhaltern und Klappsitzen an.

Belüftet werden die Wagen über statische Lüfter der Bauart Kuckuck auf dem Dach.

Ein Drehstromgenerator mit Kardanwelle versorgt die Leuchtstofflampen der Innenbeleuchtung. Für die Zugschluss- und die Notbeleuchtung sind Glühlampen vorhanden.

TECHNISCHE DATEN	
Länge über Puffer	18.700 mm
Wagenkastenbreite	2.900 mm
Wagenhöhe über SO	3.930 mm
Dienstmasse	32.000 kg
Drehgestellbauart	Görlitz V
Höchstgeschwindigkeit	140 km/h
Bremse	‹R› KE-GPR
Abteile	2
Sitzplätze	23
Heizung	Lhzde
Erstes Baujahr	1996

Die DBRegio übernahm einige vom Fernverkehr nicht mehr benötigte InterRegio-Wagen und setzte sie in ihren IRE-Zügen ein. Der Aimz 541, 51 80 10-94 810-8 trägt noch die grau/blaue Originallackierung.

Mit dem InterRegio entstand 1988 eine Zugart, die den D-Zug ablöste und sich beim Reisekomfort an den IC anlehnte. Dafür wurde der Innenraum der IR-Wagen völlig neu gestaltet.

Entwicklung. Weil gut erhaltene Wagen in ausreichender Zahl zur Verfügung standen, wurden keine neuen Fahrzeuge gebaut. Für die Bauarten Aim 260 und Aimz 261 wurden die 1.-Klasse-Wagen der Bauart Am 203 und die 1./2.-Klasse-Wagen der Bauart ABm 225 herangezogen. Der Umbau erfolgte bei der PFA in Weiden.

Die Fahrzeuge wurden mit verschiedenen elektrischen und sanitären Einrichtungen geliefert, deshalb sind sie in mehrere Untergattungen aufgeteilt.

Bei einigen Aim 260 wurde nachträglich eine Zugsammelschiene eingebaut. Diese Wagen wurden als Aimz 261 eingereiht.

Die DR übernahm 27 Am 203 und ließ sie ebenfalls zu Aimz 261 umbauen. Sie trugen zunächst ein grünes DR-Emblem, welches später durch das DB-Logo ersetzt wurde. Diesen Wagen sind die Nummern 700 ff. zugeordnet.

Die DB Regio übernahm vom Fernverkehr nicht mehr benötigte Wagen und reihte sie als Aimz 541 ein. Sie setzte die Fahrzeuge in „InterRegioExpress"-Zügen (IRE) in den Großräumen Mannheim, Stuttgart und München ein. Einige der Wagen bekam dafür den roten Anstrich der Regio-Wagen, die restlichen behielten ihren fernblauen Anstrich.

Wagenbau. Die Wagen laufen auf Drehgestellen der Bauart MD 36 mit Scheiben- und Magnetschienenbremse. Einige Wagen sind für den Einsatz auf Schnellfahrstrecken mit einer Notbremsüberbrückung ausgerüstet.

Die aus Profilen und Blechen bestehenden Untergestelle und Wagenkästen wurden von den Spenderwagen übernommen. Drehfalttüren mit Klapptrittstufen ermöglichen den Einstieg.

Wie der Aimz 541, 51 80 10-94 019-6, bekam ein Teil der Wagen den roten Anstrich der DBRegio. Der Innenraum blieb dabei unverändert.

Einige Übersetzfenster wurden durch feste Fenster ersetzt.

Innenraum. Im Innenraum befinden sich zwei Großräume mit unregelmäßiger Sitzanordnung, die durch Glastüren voneinander getrennt sind. An den Wagenenden sind insgesamt fünf Abteile mit je fünf Plätzen untergebracht. Die verstellbaren Einzelsitze haben lose Kopfpolster und gepolsterte Armlehnen. Über den Sitzen sind Spiegel und Quergepäckablagen aus Glas angebracht.

In den Vorräumen sind Schließfächer zu finden. Die Toiletten mit geschlossenen WC-Systemen werden aus beheizbaren Tanks im Wagendach mit Wasser versorgt. Das Abwasser wird in einem Behälter unter dem Wagenboden gesammelt.

Elektrik. Die Energieversorgung erfolgt über eine Zugsammelschiene. Die Innenräume sind mit Kompakt-Leuchtstofflampen beleuchtet. Zusätzlich gibt es Sitzplatzlampen. An beiden Wagenenden finden sich einzeln schaltbare Zugschlussleuchten.

Die Wagen erhielten eine neue Druckbelüftung und eine elektrische Heizung.

Eine Lautsprecheranlage, eine 12-polige Durchgangsleitung und Einrichtungen für den Einsatz in Wendezügen sind ebenfalls vorhanden.

TECHNISCHE DATEN		
Länge über Puffer		26.400 mm
Wagenkastenbreite		2.825 mm
Wagenhöhe über SO		4.050 mm
Dienstmasse		42.000 kg
Drehgestellbauart		MD 36
Höchstgeschwindigkeit		200 km/h
Bremse		‹R› KE-GPR-Mg (D)
Großräume		2
Abteile		5
Sitzplätze	Großraum	25 + 4*
	Abteile	25
	Kindersitze	7
Heizung		Lhze
Erstes Baujahr		1988

DBuz(a) 747, 749

Die Wagen der Bauarten DBuza 747 und 749 entstanden durch den Umbau von bereits bei der Reichsbahn der DDR eingesetzten Doppelstock-Einzelwagen.

Um die DR-Doppelstockwagen der Bauarten DBmuz 745 und 746 an die Anforderungen moderner RegionalBahn-Wagen anzupassen, erfolgte Anfang der 1990er-Jahre eine grundlegende Modernisierung der Fahrzeuge.

Entwicklung. Zunächst wurden im Raw Wittenberge einige Wagen „teilmodernisiert", um Erfahrungen mit dem Umbau zu sammeln. Die Wagen erhielten neue, stoffbezogene Sitze und neue Wandverkleidungen. Unverändert blieben hingegen die Einstiegstüren und die Anzahl der Fenster, die nur teilweise durch neue ersetzt wurden. Die Wagen erhielten die Bezeichnung DBmu 748.

Gleichzeitig entstand ein Programm zur „Vollmodernisierung" weiterer Wagen. Hierzu zählten der Einbau neuer Schiebetüren, zusätzlicher Fenster im Ober- und Zwischenstock sowie der Austausch der alten Fenster.

Auch die Traglastenabteile wurden neu gestaltet. Als Mehrzweckräume erhielten sie Klappsitze und Abstellplätze für Kinderwagen und Fahrräder.

Nach den beiden Prototypen aus dem Raw Wittenberge vom April und August 1992, die sich im Detail noch von den Serienwagen unterschieden, erfolgte ab Oktober 1992 der Serienumbau.

Die Wagen werden bevorzugt im S-Bahn-Dienst eingesetzt und sind 2006 in Bahnhöfen großer Städte im Osten Deutschlands beheimatet. Einzige Ausnahme bildet Stuttgart, wo Wagen für die Verbindungen Stuttgart – Tübingen und Stuttgart – Aalen beheimatet sind.

Wagenbau. Wie die Ursprungswagen laufen sie auf Drehgestellen der Bauart Görlitz VI-Do. Teilweise sind Klotzbremsen, teilweise Scheibenbremsen montiert.

Normale Gummiwülste ermöglichen das Kuppeln der Doppelstockwagen auch mit einstöckigen Wagen.

Die Bauart DBuz 749 unterscheidet sich von den DBuz 747 durch die fehlenden Toiletten. Bei beiden Baurten wurden Drehgestelle mit Klotz- und Scheibenbremsen verwendet (DBuz 749, 50 80 25-04 175-9).

Die Fahrgäste steigen durch neue, automatisch bewegte Schiebetüren mit Druckknopfbedienung und innenliegenden Führungsbahnen in die beiden Vorräume im Unterstock. Es wurden feste Fenster und Klappfenster eingebaut.

Innenraum. In den neu gestalteten Innenräumen wurden die Sitzbänke durch stoffbezogene Einzelsitze mit Kopfpolstern ersetzt. Sie sind teils in Reihe, teils in Vis-à-vis-Anordnung eingebaut. Die vereinzelt angeordneten Kindersitze können als Gepäckablagen benutzt werden. Im Mehrzweckraum im Untergeschoss sind Klappsitze an den Seitenwänden montiert. Hier können sperrige Gegenstände wie Fahrräder oder Kinderwagen etc. abgestellt werden.

Ein Großteil der Wagen der Bauart DBuz(a) 747 verfügt über ein geschlossenes WC-System, bei einigen wurde noch ein offenes System eingebaut. Bei den DBuz(a) 749 wurde auf ein WC verzichtet.

Elektrik. Die Luftheizung wird, wie die Leuchtstofflampen der Innenbeleuchtung, über die Zugsammelschiene versorgt. Alle Steuer- und Überwachungsinstrumente sind in einem Schaltschrank zusammengefasst.

Die zwölfpolige Duchgangsleitung und die Wendezug-Steuerleitung ermöglichen den Einsatz in geschobenen Zügen.

TECHNISCHE DATEN

Länge über Puffer		26.800 mm
Wagenkastenbreite		2.780 mm
Wagenhöhe über SO		4.630 mm
Dienstmasse		45.000 kg
Drehgestellbauart		Görlitz VI S-Do
Höchstgeschwindigkeit		120/140 km/h
Bremse		KE-P-A (D)*
Sitzplätze	DBuz(a) 747	130
	DBuz(a) 749	125
Heizung		Lhze
Erstes Baujahr		1992

* teilweise vorhanden

Die Doppelstockwagen der Bauarten DBza 750 und DABza 755 wurden 1993 von der DWA in Görlitz gebaut und als erste Neubau-Doppelstockwagen an die DB geliefert (DBz 750, 50 80 26-35 049-8).

Die 1993 gebauten DBz 750 und DABz 755 waren die ersten Serien der von der Deutschen Bundesbahn beschafften Doppelstockwagen. Sie wurden für den Einsatz im Regional- und Vorortverkehr großer Städte bestellt.

Entwicklung. Der Beschaffung war 1989 ein vierwöchiger Versuchseinsatz holländischer Doppelstockwagen im Raum München vorausgegangen, der zeigte, dass die Wagen sich im täglichen Betrieb bewährten und von den Fahrgästen angenommen wurden. Daraufhin erteilte die Deutsche Bundesbahn der Waggonbau Görlitz einen Auftrag über 55 2.-Klasse-Wagen DBz 750 und 20 gemischtklassige Wagen DABz 755. Vorbild waren die Doppelstockwagen der Schindler Waggon. Sie wurden für den Großraum München geliefert, wo alle Wagen auch 2006 noch zu Hause sind.

Wagenbau. Beide Gattungen laufen auf Drehgestellen der Bauart SIG LD 70 mit rollengelagerten Radsätzen und Schraubenfedern. Sie sind mit einer elektropneumatischen Scheibenbremse ausgerüstet. Ein Drehgestell kann mittels Handbremse festgelegt werden.

Der Wagenkasten ist als selbsttragende Schweißkonstruktion in Flächen- und Schalenbauweise ausgeführt, an dem die Untergestellvorbauten montiert sind. Ein durchgehendes Untergestell ist nicht vorhanden.

Das Kuppeln mit einstöckigen Wagen ist auf Grund der normalen Gummiwulstübergänge an den Stirnseiten und der kompatiblen Schraubenkupplungen möglich. Eine automatische Mittelpufferkupplung kann wie bei allen Doppelstockwagen nachgerüstet werden.

Einflügelige Schiebetüren verschließen die Stirnübergänge. Beide Einstiegsräume liegen über den Drehgestellen. Ihre zweiflügeligen Schiebetüren bieten eine Öffnungsweite von 1.900 mm.

Die Fenster sind 1.150 mm bzw. 700 mm breit und 800 mm hoch. Bei einigen Fenstern kann oben eine Klappe nach innen geöffnet werden, die anderen Fenster sind fest.

Beide Bauarten lehnen sich an die von Schindler Waggon in der Schweiz gebauten Wagen an. Sie unterscheiden sich durch das gesickte Dach von späteren Bauarten (DABz 755, 50 80 36-35 016-5).

Innenraum. Ober- und Unterstock teilen sich in je zwei Fahrgasträume auf, die durch Glaswände mit Pendeltüren voneinander getrennt sind. Die Sitze sind in beiden Gattungen in Reihen- und Abteilanordnung montiert. Sie sind stoffbezogen und mit Kopfpolstern versehen. In der 1. Klasse sind auf beiden Seiten Armlehnen vorhanden, in der 2. Klasse nur auf den Außenseiten. Das Zwischendeck kann zum Abstellen von Rollstühlen oder Fahrrädern genutzt werden, deshalb sind hier drei Sitze klappbar. Über den Fenstern sind Längsgepäckablagen angebracht.

Am Wagenende 2 ist ein offenes WC mit Waschbecken angeordnet. Der zugehörige Wasserbehälter wurde in den Dachraum über dem WC eingebaut.

Elektrik. Die Energieversorgung erfolgt über die Zugsammelschiene mit Pufferbatterie. Die Batterie speist über einen Wechselrichter die in Leuchtbändern angeordneten Leuchtstofflampen der Innenräume. Eine Luftheizanlage sorgt für die Belüftung. Sie ist im Dachraum über den Wagenenden zu finden. Hier wird die Frischluft von außen angesaugt.

Die Wagen verfügen über eine Lautsprecheranlage und eine Matrixanzeige in der Mitte der Außenseite. Eine Sprechstelle ist aber nur in den Wagen der Bauart DABz 755 zu finden.

Die zwölfpolige Durchgangsleitung und eine Wendezugsteuerleitung machen den Einsatz der Wagen auch in geschobenen Zügen möglich.

TECHNISCHE DATEN			
Länge über Puffer			26.800 mm
Wagenkastenbreite			2.780 mm
Wagenhöhe über SO			4.631 mm
Dienstmasse			51.000 kg
Drehgestellbauart			SIG LD 70
Höchstgeschwindigkeit			140 km/h
Bremse			‹R› KE-PR-A (D) ep
Sitzplätze	DBz 750		139/3*
	DABz 755	1. Klasse	42
		2. Klasse	78/3*
Heizung			ElHz/Lhze
Erstes Baujahr			1993

* Klappsitze

DB(p)za 751, DABza 756

Die Nachfolgeserien der Bauarten DB(p)za 751 und DABza 756 wurden in größeren Stückzahlen beschafft. So entstanden ca. 100 gemischtklassige Wagen der Bauart DABza 756 (50 80 36-35 100-7).

Die Bauarten DB(p)za 751 und DABza 756 stellen eine Weiterentwicklung der Bauarten DBz 750 und DABz 755 dar. Bei ihrer Herstellung wurden die Erfahrungen mit den Vorgängern und die Wünsche der Kunden berücksichtigt.

Entwicklung. Auch diese beiden Bauarten entstanden bei der DWA in Görlitz. Abgesehen von den deutlichen Verbesserungen gleichen sie den Vorgängergattungen. U. a. wurden die Ansaugungöffnungen der Lüftung verlegt. Bei den Bauarten DBz 750 und DABz 755 gab es nämlich beim Einsatz hinter Diesellokomotiven Beschwerden über die Geruchsbelästigung. Durch konsequenten Leichtbau konnte außerdem die Eigenmasse um rund 5.000 kg auf 46.000 kg verringert werden.

Wagenbau. Für die Wagen wurde die neue Drehgestellbauart Görlitz VIII verwendet. Sie hat Schraubenfeder- und Luftfedersysteme und ist mit einer elektropneumatischen Scheibenbremse mit automatischer Lastabbremsung versehen.

Eine selbsttragende Schweißkonstruktion in Flächen- und Schalenbauweise bildet den Wagenkasten.

Untergestellvorbauten nehmen die Zug- und Stoßkräfte auf. Gummiwulstübergänge ermöglichen das Kuppeln mit einstöckigen Wagen.

Einteilige Schiebetüren verschließen die Übergänge. Die beiden Einstiegsräume besitzen zweiflügelige Schiebetüren mit einer Öffnungsweite von 1.900 mm. Bei den Bauarten DBza 751 und den DABza 756 sind die Türen oberhalb der Drehgestelle auf einer Einstiegshöhe von 1.150 mm SO angeordnet. Bei den DBpza 751 befinden sie sich im Unterstock auf einer Einstiegshöhe von nur 600 mm.

Die Fenster sind 1.150 mm bzw. 700 mm breit und können teilweise oben nach innen geklappt werden.

Innenraum und Elektrik. Bei der Bauart DABza 756 ist in beiden Stockwerken

Zur gleichen Zeit wie die Wagen mit Hochseinstieg, zu denen der DBza 751, 50 80 26-35 090-2, gehört, wurden erstmals auch Doppelstockwagen mit Tiefeinstieg gefertigt.

ein 2.-Klasse-Großraum für Nichtraucher. Oben gibt es zudem je einen 1.-Klasse-Raum für Raucher und Nichtraucher, unten gibt es auch in der 1.-Klasse nur Nichtraucherplätze. Die Bauart DBz 751 verfügt oben über einen Großraum, unten ist ein kleiner Raucherbereich durch eine Glaswand mit Pendeltür abgetrennt. In den Wagen mit Tiefeinstieg ist der Raucherbereich oben angeordnet. Die stoffbezogenen Einzelsitze sind mit Kopfpolstern ausgestattet.

Die Wagen mit Hocheinstieg haben am Wagenende 1 ein geschlossenes WC-System in GFK-Bauweise und einen Apparateraum. Am Wagenende 2 sind sieben Sitzplätze vorhanden. Wagen mit Tiefeinstieg an beiden Wagenenden Sitzplätze.

Die DABza und DBza werden über ein im Dachraum an den Wagenenden montiertes Luftheizgerät belüftet. Bei den DBpz übernimmt eine Klimaanlage diese Aufgabe. Versorgt werden die Wagen über die Zugsammelschiene. Sie lädt die Speicherbatterie, aus der die Leuchtstofflampen der Innenbeleuchtung ihre Energie beziehen.

Eine Zugzielanzeige auf der Außenseite, eine Lautsprecheranlage und das Global Positioning System (GPS) gehören zum Fahrgastinformationsystem.

Die UIC-Durchgangsleitung und die Wendezugsteuerleiung vervollständigen die Ausstattung der Wagen.

TECHNISCHE DATEN			
Länge über Puffer			26.800 mm
Wagenkastenbreite			2.774 mm
Wagenhöhe über SO			4.631 mm
Dienstmasse			46.000 kg
Drehgestellbauart			Görlitz VIII
Höchstgeschwindigkeit			140 km/h
Bremse			‹R› KE-PR-A (D) ep
Sitzplätze	DBz 751		136/3*
	DABBz 756	1. Klasse	42
		2. Klasse	88/3*
Heizung			ElHz/Lhze/Klimae
Erstes Baujahr			1994

* Klappsitze

DBpza 752, DABp(k)za 757

Die Wagen der Bauart DABpza 757 wurden zunächst für den Großraum Berlin gefertigt. Sie bieten den Reisenden neben Sitzplätzen der 1. Klasse auch Getränke- und Snackautomaten (50 80 36-75 008-3).

Ab 1997 wurde die klimatisierte Bauart DBpza 752 mit Tiefeinstieg beschafft, um auch jene Strecken mit Doppelstockwagen bedienen zu können, für die sich Wagen mit Hocheinstiegen eigneten.

Entwicklung. Der steigende Bedarf an Doppelstockwagen veranlasste die Deutsche Bahn ab 1997, eine Nachfolgebaureihe der Bauart DBpza 751 in Dienst zu stellen.

Bis 1998 lieferte die DWA 130 Fahrzeuge, die 2006 u. a. in Nürnberg, Stuttgart und Berlin stationiert sind. Von der Bauart DBpza 752 wurde die gemischtklassige Bauart DABpkza 757 abgeleitet. Sie unterscheidet sich durch die 1. Klasse sowie durch zwei Automaten für Getränke und kleine Snacks, die im Mehrzweckraum zu finden sind.

Wagenbau. Alle Wagen laufen auf Drehgestellen der Bauart Görlitz VIII. Sie sind mit einer Scheibenbremse und einer Notbremsüberbrückung ausgerüstet. Die DBpza 752.5 und die DABpkza 757.5 dürfen mit 160 km/h verkehren.

Der Wagenkasten setzt sich aus einer selbsttragenden Schweißkonstruktion in Flächen- und Schalenbauweise mit Untergestellvorbauten zusammen.

Die Stirnübergänge sind durch Gummiwülste und einflügelige Schiebetüren gesichert. Die beiden Einstiegsräume befinden sich im Unterstock. Die Einstiegshöhe liegt 600 mm über SO. Doppelschiebetüren ermöglichen den bequemen Einstieg.

Weil die Wagen voll klimatisiert sind, lassen sich die Fenster nicht öffnen.

Innenraum. Im Ober- und Unterstock wurden stoffbezogene Einzelsitze mit Kopfpolstern verwendet. Während im Unterstock nur ein Großraum vorhanden ist, sind es oben zwei. Getrennt werden sie durch eine Glaswand mit Pendeltür. Bei den Wagen der Bauart

Um auch Bahnhöfe mit niedrigen Bahnsteigen mit Doppelstockwagen anfahren zu können, wurde die Bauart DBpz 752 in großer Stückzahl beschafft. Die Aufnahme zeigt den Wagen 50 80 26-35 368-2.

DABp(k)za 757 wird der komplette Oberstock von der 1. Klasse eingenommen, im Unterstock befinden sich neben den Mehrzweckräumen auch Sitze der 2. Klasse. Außer der Unterbauart DBpza 752.0 haben alle Wagen einen Mehrzweckraum mit Klappsitzen und Halterungen für Fahrräder. In den „Service"-Wagen können auf kleinen Tischen unter den Seitenfenstern Getränke u. ä. abgestellt werden.

An einem Wagenende ist ein geschlossenes WC-System aus glasfaserverstärktem Kunststoff (GFK) und ein Apparateraum angeordnet.

Elektrik. Alle Wagen werden über eine Klimaanlage belüftet und beheizt. Versorgt werden sie über die Zugsammelschiene, die eine Speicherbatterie speist. Sie können sowohl an Elloks als auch an Diesellokomotiven angeschlossen werden. Die Leuchtbänder mit Leuchtstofflampen sind über den Fenstern montiert. An beiden Wagenenden sind elektrische und einzeln schaltbare Zugschlussleuchten zu finden.

Das Fahrgastinformationssystem (FIS) umfasst u. a. eine Lautsprecheranlage sowie Zugzielanzeigen innen und außen.

TECHNISCHE DATEN			
Länge über Puffer			26.800 mm
Wagenkastenbreite			2.774 mm
Wagenhöhe über SO			4.631 mm
Dienstmasse			47.000 kg
Drehgestellbauart			Görlitz VIII
Höchstgeschwindigkeit			140 km/h, 160 km/h
Bremse			<R> KE-PR-A (D) ep
Großräume			3
Sitzplätze	DBpza 752		128*
	DABp(k)za 757	1. Klasse	30
		2. Klasse	57
Heizung			Klimaes
Erstes Baujahr			1997

* ohne Mehrzweckräume

Bei den Wagen der Bauart DABpza 758 ist der komplette Oberstock für die 1. Klasse reserviert. Die 2.-Klasse-Plätze sind im Zwischen- und im Unterstock zu finden (50 80 36-75 088-5).

Mit den drei hier vorgestellten Fahrzeugen erschien ab 1997 die vierte Generation Doppelstockwagen auf den Gleisen der Deutschen Bahn.

Entwicklung. Die Wagen haben Hocheinstiege über den Drehgestellen und lehnen sich somit an die Bauarten DBza 751 und DABza 756 an, sind aber voll klimatisiert.

Lieferant beider Bauarten war wieder die Deutsche Waggonbau AG in Görlitz (heute Bombardier Transportation).

Wagenbau. Die Wagen laufen auf Drehgestellen der Bauart Görlitz VIII, auf denen sie je nach Bremse bis 140 km/h oder 160 km/h eingesetzt werden können. Die Luftfederung sorgt für einen ruhigen, schaukelarmen Lauf.

Die elektropneumatische Scheibenbremse ist um eine Feststellbremse ergänzt, die den Wagen am Wegrollen hindert.

Die selbsttragende Schweißkonstruktion des Wagenkastens in Flächen- und Schalenbauweise ergibt zusammen mit den Untergestellvorbauten eine stabile Röhre.

An beiden Stirnseiten befinden sich Gummiwulstübergänge, die durch einflügelige Schiebetüren und bewegliche Übergangsbrücken gesichert werden.

Die Fahrgäste können die Wagen durch zwei Einstiege über den Drehgestellen betreten. Die breiten, elektrisch betriebenen Doppel-Schiebetüren sind selbstschließend und ermöglichen einen schnellen Fahrgastwechsel.

Innenraum. In den Fahrgasträumen können die Reisenden auf bequemen, mit Stoff bezogenen Einzelsitzen Platz nehmen. Glaswände mit Drehtüren unterteilen die Räume in kleine Einheiten.

Während die Bauart DBpza 753 koplett für die 2. Klasse zur Verfügung steht, ist bei den DABpza 758 der gesamte Oberstock der 1. Klasse zugeteilt. Die Sitze der 2. Klasse befinden sich unten. Die DApza 759 sind reine 1.-Klasse-Wagen.

Auf Mehrzweckräume wurde bei diesen Bauarten verzichtet. Dafür bekam

Die Wagen können je nach Bremse mit 140 km/h oder 160 km/h eingesetzt werden. Der DBpza 753.5 mit der Nummer 50 80 26-75 054-9 gehört zu den schnellen Wagen.

die Unterbauart DBpkza 753.1 einen Servicebereich mit Automaten für Getränke und kleine Snacks.

Das geschlossene WC-System an einem Wagenende besteht aus einer vollständig ausgestatteten GFK-Zelle mit einem Frischwasserbehälter im Wagendach und einem Auffangbehälter unter dem WC.

Gegenüber dem WC befindet sich ein Apparateraum, in dem alle Regel- und Überwachungselemente der elektrischen Einrichtungen untergebracht sind.

Im Oberstock gibt es für die 1. Klasse einen Funktionsraum mit Gepäckablage.

Elektrik. Die Wagen sind voll klimatiert, deshalb lassen sich die Fenster nicht öffnen. Die Klimageräte sind im Dach an den Wagenenden untergebracht und von außen an den großen Ansauggittern für Frischluft zu erkennen.

Die Speicherbatterie wird aus der Zugsammelschiene versorgt und stellt ihre Energie über einen Wechselrichter für die Beleuchtung und das Fahrgastinformationsystem (FIS) bereit.

Die Leuchtstofflampen sind in Leuchtbändern über den Sitzen montiert.

Das FIS umfasst u. a. eine vollständige Lautsprecheranlage für die satellitengestütze Haltestellenansage, Zugzielanzeiger und Notsprechstellen in den Einstiegräumen.

TECHNISCHE DATEN			
Länge über Puffer			26.800 mm
Wagenkastenbreite			2.774 mm
Wagenhöhe über SO			4.631 mm
Dienstmasse			47.000 kg
Drehgestellbauart			Görlitz VIII
Höchstgeschwindigkeit			140 km/h
Bremse			‹R› KE-PR-A (D) ep
Großräume			4
Sitzplätze	DBpz 753		139/3*
	DABpz 758	1. Klasse	35
		2. Klasse	70/3*
Heizung			Klimaes
Erstes Baujahr			1998

* Klappsitze

DABbuzfa 760

Die Doppelstock-Steuerwagen der Bauart DABbuzfa 760 – aus den DBmqz 773 von 1987 weiterentwickelt – waren die letzten von der Deutschen Reichsbahn der DDR in Dienst gestellten Wagen.

Entwicklung. Weil nach der Beschaffung der Steuerwagen DBmqz 773 im Jahr 1991 weiter Mangel an Steuerwagen herrschte, entschloss sich die Deutsche Reichsbahn der DDR, 1992/93 weitere Fahrzeuge dieser Art in Dienst zu stellen. Allerdings unterschieden sich die Wagen in der Kopfform deutlich von ihren Vorgängern. Der seitliche Dachbereich wurde erweitert und im Oberstock wurden gekrümmte Scheiben eingebaut.

Insgesamt lieferte die Waggonbau Görlitz 100 Fahrzeuge dieses Typs. 2006 sind sie u. a. in Leipzig, Rostock,

Die Doppelstock-Steuerwagen der Bauart DABgbuzf 760 unterscheiden sich von ihren Vorgängern duch die leicht schräg gestellte Stirnwand mit der großen Panoramascheibe (50 80 36-33 082-9).

Dresden, Magdeburg, Berlin und Stuttgart beheimatet.

Wagenbau. Für die Wagen wurden Drehgestelle der Bauart Görlitz VI S-Do mit Stahlfederung und Druckluftscheibenbremse verwendet. Das Drehgestell unter dem Führerstand ist mit einer Sandstreuanlage und einer Spurkranzschmierung versehen. Ein Schaltmagnet für Sicherungsanlagen ist ebenfalls vorhanden.

Die selbsttragende Schweißkonstruktion des Wagenkastenrohbaus ist mit Blechen der Güte X2 Cr11 verkleidet.

Am Wagenende 2 sichern ein Gummiwulst mit Übergangsbrücken und eine zweiflügelige Schiebetür den Stirnübergang.

In beiden Einstiegsräumen im Unterstock geben die zweiflügeligen Schwenkschiebetüren einen Einstieg von immerhin 1.150 mm Breite frei. Die Seitenfenster sind 1.200 mm breit und können jeweils in der oberen Hälfte gekippt werden.

Innenraum. Der obere Fahrgastraum teilt sich 1.- und 2.-Klasse-Bereiche mit Einzelsitzen in unterschiedlichen Anordnungen. Die Sitze sind mit Stoff bezogen und mit Kopfpolstern versehen. In der 1. Klasse wurden Armlehnen montiert, in der 2. Klasse wurde darauf verzichtet. Glaswände mit Pendeltüren trennen die einzelnen Räume voneinander.

Im Zwischenstock am Wagenende 2 sind Plätze der 2. Klasse, Schalt- und Geräteschränke sowie das Dienstabteil zu finden.

Am Wagenende 1 befinden sich ein Führerstand und Sitze 1. Klasse. Im Unterstock sind im 2.-Klasse-Bereich ein Mehrzweckraum mit 19 Klappsitzen und ein behindertengerechtes WC untergebracht.

Elektrik. Die Leuchtstofflampen der Innenbeleuchtung beziehen ihre Energie aus der Speicherbatterie, die aus der Zugsammelschiene gespeist wird.

Die Wagen verfügen über eine zeitmultiplexe Wendezugsteuerung (ZWS) mit einer Anlage zur Automation des Betriebes im Zug (AIZ). Eine Fahrgastinformationsanlage (FIS) ist vorhanden.

TECHNISCHE DATEN		
Länge über Puffer		26.800 mm
Wagenkastenbreite		2.780 mm
Wagenhöhe über SO		4.630 mm
Dienstmasse		48.000 kg
Drehgestellbauart		Görlitz VI-S D
Höchstgeschwindigkeit		140 km/h
Bremse		‹R› KE-PR-A (D)
Großräume		4
Sitzplätze	1. Klasse	28/3*
	2. Klasse	44/21*
Heizung		Lhze/ElHz
Erstes Baujahr		1992
* Klappsitze		

DBbzfa 761, DABpbzfa 762

Die zunächst für den Großraum Stuttgart beschaffte Bauart DBbzfa 761 führte nur die 2. Klasse. Gemischtklassige Wagen werden als DABpbzfa 762 bezeichnet (DBbzf 761, 50 80 80-35 349-5).

Neben neuen Doppelstockwagen der Bauarten DBza 751 und DABza 756 beschaffte die Deutsche Bahn ab 1995 auch Steuerwagen. Die als DBbzfa 761 und DABpbzfa 762 bezeichneten Wagen haben Tiefeinstiege mit einer Höhe von 600 mm oder 760 mm über SO.

Entwicklung. Die Wagen der Bauart DBbzfa 761 bilden die erste neue Doppelstock-Steuerwagengattung der Deutschen Bahn AG. Sie lehnen sich an die DABgbuzf 760 an, allerdings mit zahlreichen Neuerungen, z. B. einem völlig neu geformten Steuerkopf. Insgesamt lieferte die DWA 58 dieser Wagen. Gleichzeitig entstand die Bauart DABpbzfa 762 als gemischtklassige Unterbauart mit Klimaanlage.

Wagenbau. Die luftgefederten Drehgestelle der Bauart Görlitz VIII sind mit einer elektropneumatischen Scheibenbremse mit Zusatzbremse und Notbremsüberbrückung ausgestattet. Eine Handbremse wirkt auf das Drehgestell am Wagenende 2. Das Drehgestell unter dem Führerstand enthält die Sandstreuanlage, die Spurkranzschmierung und einen Schaltmagnet.

Eine selbsttragende Schweißkonstruktion in Flächen- und Schalenbauweise bildet den Wagenkasten. Zur Aufnahme der Zug- und Stoßkräfte wurden Untergestellvorbauten montiert.

Ein Gummiwulst mit Übergangsbrücke und eine Schiebetür sichern den Stirnübergang. Doppelschiebetüren mit einer lichten Weite von 1.150 mm ermöglichen das bequeme Einsteigen in die beiden Einstiegsräume im Unterstock. Bei den DBbzf 761 liegt der Fußboden nur 600 mm über SO. Bei den DBbzf 761.2 ist er dagegen 760 mm hoch, deshalb sind diese Wagen mit einer Klapptrittstufe ausgerüstet. Die 1.150 mm breiten Seitenfenster können teilweise im oberen Bereich geöffnet werden.

Die Bundesländer Sachsen und Rheinland-Pfalz haben sich zur Beschaffung klimatisierter Wagen der Bauart DABpbzfa 762 entschieden (50 80 80-35 374-3).

Innenraum. Im Oberstock, der über zwei leicht geschwungene Treppen zu erreichen ist, sind Einzelsitze mit Kopfpolstern in verschiedenen Anordnungen eingebaut. Die gleichen Sitze sind im kleinen Fahrgastraum im Unterstock zu finden. An den Längsseiten des großen Fahrgastraums sind 22 Klappsitze montiert, so dass hier große Gepäckstücke, Fahrräder oder Rollstühle abgestellt werden können. Am Wagenende 2 sind vier Klappsitze und das Zugführerabteil angeordnet.

Die Toilette in der Mitte des Unterstocks ist behindertengerecht eingerichtet.

Elektrik. Die in Längsrichtung in den Innenräumen eingebauten Leuchtbänder werden über einen Wechselrichter aus der Speicherbatterie gespeist. Die elektrische Energie wird über die Zugsammelschiene in die Batterien geleitet.

Der Führerstand am Wagenende 1 ist mit einer Einrichtung zur Steuerung von Diesel- und Ellokomotiven versehen. Er ist u. a. mit einer zeitmultiplexen Wendezugsteuerung (ZWS) und einer frequenzmultiplexen Zugsteuerung (FMZ) ausgestattet. Das Fahrgastinformationssystem (FIS) mit Lausprechern und Anzeigetafeln vervollständigt die elektrische Ausstattung der Wagen.

TECHNISCHE DATEN			
Länge über Puffer			27.270 mm
Wagenkastenbreite			2.774 mm
Wagenhöhe über SO			4.631 mm
Dienstmasse			49.000 kg
Drehgestellbauart			Görlitz VIII
Höchstgeschwindigkeit			140 km/h
Bremse			KE-PR-A-mZ (D) ep
Großräume			4
Sitzplätze	DBbzf 761		101
	DABpzf 762	1. Klasse	21
		2. Klasse	50/23*
Heizung			Lhze/ElHz/Klimae
Erstes Baujahr			1994
* Klappsitze			

DBpbzfa 763, DABpbzfa 764

Die hier vorgestellten Steuerwagen unterscheiden sich äußerlich besonders durch die abgerundeten Stirnseiten von ihren Vorgängern (DABpbzf 764, 50 80 86-35 008-1).

Eine weiterentwickelte Spielart der Doppelstock-Steuerwagen stellen die beiden Bauarten DBpbzfa 763 und DABpbzfa 764 dar. Neben der geänderten Kopfform erhielten die Wagen eine neue Klimaanlage.

Entwicklung. 1997 stellte die DWA in Görlitz die Doppelstock-Steuerwagen DBpbzfa 763 und DABpbzfa 764 vor. Sie wurden als Ergänzung zur Bauart DBpza 752 gebaut.

Die DABpbzfa 764 haben einen 1.-Klasse-Bereich, auf den bei den DBpbzfa 763 verzichtet wurde, weil sie mit den DABpkza 757.5 mit 1.-Klasse-Bereich im Zugverband verkehren.

Wagenbau. Beide Gattungen laufen auf Görlitz VIII-Drehgestellen mit Luftfederung. Die automatische Scheibenbremse hat alle für Steuerwagen erforderlichen Zusatzeinrichtungen wie Sandstreueinrichtung und Schienenräumer. Einige Wagen der Bauart DBpbzf 763 erhielten zusätzlich eine Magnetschienenbremse und können bis zu einer Höchstgeschwindigleit von 160 km/h eingesetzt werden. Diese schnellen, als DBpbzf 763.5 bezeichneten Wagen sind 2006 in Berlin beheimatet.

Der Wagenkasten setzt sich aus Profilen in Flächen- und Schalenbauweise zusammen. Der aus GFK-Teilen bestehende Steuerkopf wurde mit einer einteiligen Frontscheibe versehen.

Eine Schiebetür und ein Gummiwulst sichern den Stirnübergang.

Zwei Einstiegsräume mit Doppelschiebetüren und einer Fußbodenhöhe von 600 mm sind im Unterstock angeordnet.

Innenraum. Bei den DABpbzf 764 wurde der gesamte Oberstock für die 1. Klasse verwendet. Eingerichtet ist er mit blau bezogenen Einzelsitzen in verschiedenen Anordnungen. Die Sitze haben Kopfpolster und auf beiden Seiten Armlehnen.

Im Unterstock befinden sich ein kleiner Fahrgastraum 2. Klasse sowie ein Mehrzweckraum mit Klappsitzen und

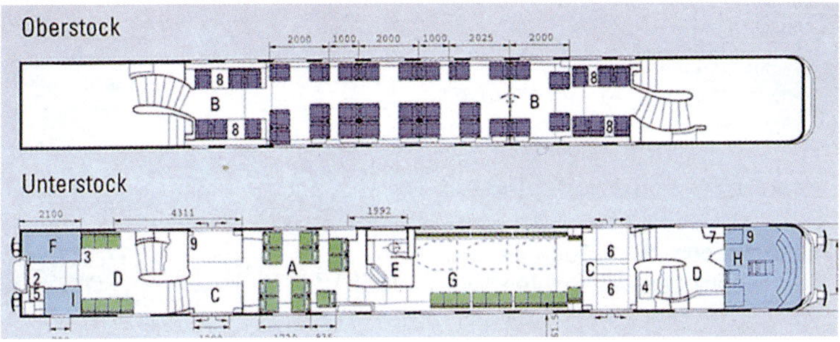

Neben den gemischtklassigen DABpbzf 764 wurden auch reine 2.-Klasse-Wagen gebaut. Sie wurden als von der DB als DBpzf 763 bezeichnet.

Haltegurten für Fahrräder. Ein behindertengerechtes, geschlossenes WC-System mit Schränken und Waschbecken trennt die beiden Räume voneinander. Der Frischwasserbehälter ist an die Heizung angeschlossen, so dass immer warmes Wasser zur Verfügung steht.

Im Zwischenstock ist neben den Schaltschränken und einem Dienstabteil ein Raum mit Klappsitzen zu finden.

Der Einheitsführerraum verfügt u. a. über eine zeitmultiplexe und eine frequenzmultiplexe Wendezugsteuerung (ZWS und FMZ). Der digitale Sprachspeicher, das GPS-Gerät und die Eingabeeinheit für die Zugzielanzeige sind ebenfalls hier zu finden. Die Wagen sind so konzipiert, dass sie sowohl Diesellokomotiven als auch Elloks steuern können.

Elektrik. Die Energieversorgung erfolgt mittels Zugsammelschiene, die die Speicherbatterie speist. Die Batterie versorgt über den Wechselrichter die aus Leuchtstofflampen bestehende Innenbeleuchtung sowie die Klimaanlage.

Eine zentrale Diagnoseeinheit regelt und überwacht die elektrischen Einrichtungen. Hier kann das Personal Infomationen über Störungen und Unregelmäßigkeiten abrufen.

TECHNISCHE DATEN			
Länge über Puffer			27.270 mm
Drehzapfenabstand			20.000 mm
Wagenkastenbreite			2.774 mm
Wagenhöhe über SO			4.631 mm
Dienstmasse			48.000 kg
Drehgestellbauart			Görlitz VIII
Höchstgeschwindigkeit			
DBpbzf 763.5			160 km/h
DABpbzf 764/DBpbzf 763			140 km/h
Bremse			KE-PR-A-Mg*-mZ (D) ep
Großräume			4
Sitzplätze	DBpbzf 763		101
	DABpbzf 764	1. Klasse	38
		2. Klasse	41
Heizung			Klimae
Erstes Baujahr			1997

* DABpbzf 763.5

DBpbzfa 765, DBpbzfa 766

Die Steuerwagen der hier vorgestellten Bauarten unterscheiden sich äußerlich durch die höhere Fensterzahl und die schmaleren Fensterstege von ihren Vorgängern (DBpbzfa 766, 50 80 86-81 046-4).

Die beiden 160 km/h schnellen Steuerwagen-Bauarten DBpbzfa 765 und 766 gehören zur derzeit neuesten Entwicklung dieses Wagentyps bei der DB.

Entwicklung. Beide Bauarten wurden von der Bombardier Transportation in Görlitz gebaut. 2000 erschienen die ersten DBpbzfa 765 auf den Gleisen der DB, 2003 wurde der letzte Wagen abgeliefert. In den beiden darauffolgenden Jahren reihte die DB die Bauart DBpbzfa 766 in ihren Bestand ein.

Wagenbau. Beide Wagentypen laufen auf luftgefederten Drehgestellen der Bauart Görlitz VIII mit den für Steuerwagen erforderlichen Zusatzeinrichtungen wie Sandstreuanlage und Schienenräumer. Die selbsttätige, indirekt wirkende Hochleistungs-Druckluft-Scheiben- und Magnetschienenbremse hat einen Schnellbremsbeschleuniger, die ep-Bremsfunktion, eine Notbremsüberbrückung und eine Führerraumbremsausrüstung.

Die beiden Einstiegsräume im Unterstock werden durch automatische Doppelschiebetüren mit Sensorbedienung verschlossen.

Für den Stirnübergang wählte man eine einflügelige Schiebetür mit Gummiwulst. Er ist so ausgeführt, dass auch einstöckige Reisezugwagen gekuppelt werden können.

Innenraum. Der Innenraum teilt sich in je einen Großraum im oberen und unteren Stockwerk. Dazu kommen am Wagenende 2 ein Apparateraum und das Dienstabteil mit Schränken, Schreibtisch und Sitzgelegenheit. Am Wagenende 1 ist der Führerraum zu finden.

Während oben nur feste Sitze in Vis-à-vis- und Reihenanordnung zu finden sind, ist der Unterstock als

Mit ihrer kombinierten Scheiben- und Magnetschienenbremse können die Wagen mit einer Höchstgeschwindigkeit von 160 km/h eingesetzt werden (DBpbzfa 765, 50 80 86-75 060-3).

Mehrzweckraum mit Klappsitzen und Stellplätzen für Rollstühle ausgeführt. Außerdem sind hier feste Sitze und die geräumige, behindertengerechte Toilette mit geschlossenem Abwassersystem zu finden. Alle Sitze sind mit Stoff bezogen. Die festen Sitze haben zusätzlich Kopfpolster und Armlehnen an den Außenseiten.

Der obere Fahrgastraum bietet 31 Sitzplätze, im unteren können 54 Fahrgäste Platz nehmen. Dazu kommen sechs weitere Plätze im einstöckigen Bereich, so dass 91 Sitzplätze zur Verfügung stehen. Sie werden durch ca. 150 Stehplätze ergänzt.

Elektrik. Alle Verbaucher in den Wagen werden aus der Zugsammelschiene über eine Bleibatterie versorgt. Leuchtstofflampen hinter Blendgittern über den Seitenfenstern sorgen für eine angenehme Beleuchtung der Innenräume.

Die Heizung besteht aus zwei regelbaren Kompaktklimageräten mit jeweils zwei Heizregistern und einer Heizleistung von je 16 kW. Die Geräte sind im Dachraum an den Wagenenden zu finden und können nach oben aus dem Dach gehoben werden.

TECHNISCHE DATEN	
Länge über Puffer	27.270 mm
Drehzapfenabstand	20.000 mm
Wagenkastenbreite	2.784 mm
Wagenhöhe über SO	4.631 mm
Dienstmasse	52.000 kg
Drehgestellbauart	Görlitz VIII Mg
Höchstgeschwindigkeit	160 km/h
Bremse	KE-PR-A-Mg-mZ (D) ep NBÜ
Großräume	2
Sitzplätze	91
Heizung	Klimae
Erstes Baujahr	2000

DABuzfa 777, 778

Die Steuerwagen der Bauart DABbuzfa 777 entstanden durch „Teilmodernisierung" aus den ehemaligen DR-Steuerwagen der Bauarten DBmq 771 und DBmq 773 (50 80 86-03 003-0).

Weil die in den Jahren 1974 bis 1991 gelieferten Doppelstock-Steuerwagen der Bauarten DBmq 771 und 773 nicht mehr in das Produktbild „RegionalBahn" passten, wurden die Wagen modernisiert.

Entwicklung. Die Modernisierung begann 1992 im Raw Wittenberge. Zwei Wagen der Bauart DBmq 771 wurden „teilmodernisiert", d. h. sie bekamen eine neue Inneneinrichtung, eine zentrale Energieversorgung, einen neuen Anstrich und wurden als DBmqz 776 bezeichnet. Auf die gleiche Weise wurden sieben Wagen der Bauart DBmqz 773 zu DBmqz 775 umgebaut.

Nach dem Erfolg dieser „Teilmodernisierung" wurden fünf DBmq 771 (in DABbuzfa 777.2) und sieben Wagen DBmqz 773 (in DABbuzfa 777) „vollmodernisiert". Bei diesen Wagen wurde neben den oben genannten Maßnahmen die Wagenhälfte 2 in einen 1.-Klasse-Bereich umgebaut. Der Oberstock erhielt zusätzliche Fenster, außerdem wurden überall neue Scheiben eingesetzt. Auch der Kopfbereich wurde verändert.

Ab 1997 wurde mit den DABbuzf 778 eine weitere Umbauvariante in Dienst gestellt. Auffälligstes Merkmal ist der neue Steuerkopf aus GFK-Formteilen mit der großen Frontscheibe.

Wagenbau. Alle Wagen laufen auf stahlgefederten Drehgestellen der Bauart Görlitz VI-Do. Je nach Spenderwagen sind sie mit Klotzbremsen (DABbuzfa 777.2, 778.2) oder Scheibenbremsen ausgerüstet, mit denen sie 120 km/h bzw. 140 km/h erreichen können. Sie sind zudem mit einer Feststellbremse ausgestattet.

Die alten doppelflügeligen Schiebetüren an den tiefliegenden Einstiegsräumen wurden gegen Türen mit innenliegenden Laufbahnen getauscht.

Innenraum. Neben neuen Sitzen im ganzen Wagen, wurden im Unterstock ein Mehrzweckraum mit Klappsitzen

Die „vollmodernisierten" Wagen bekamen einen neuen Steuerkopf aus GFK-Teilen und die Bezeichnung DABbzfa 778. 2006 waren sie alle im Ostteil Deutschlands beheimatet (50 80 86-33 018-2).

und ein behindertengerechtes, geschlossenes WC-System eingebaut. Die Sitzplätze 1. Klasse wurden in beiden Stockwerken hinter dem Führerraum angeordnet, das andere Wagenteil bekam die 2. Klasse zugewiesen. Die beiden Klassen sind durch Glaswände mit einfachen Drehtüren voneinander getrennt.

Im Zwischenstock am Wagenübergang ist ein Dienstabteil mit Schreibgelegenheit und Schränken eingerichtet. **Elektrik.** Ihre Energie beziehen die Wagen über die Zugsammelschiene (zentrale Energieversorgung – ZEV). Die Dampfheizung der Spenderwagen wurde ausgebaut. Die aus der Zugsammelschiene versorgte Speicherbatterie gibt ihre Energie über einen Wechselrichter an die Leuchtstofflampen der Innenbeleuchtung weiter.

Die Wagen haben neben der normalen Durchgangsleitung eine 34-polige Steuerleitung, über die sie Lokomotiven der Baureihen 112 und 143 steuern können. Bei Bedarf kann eine zeitmultiplexe Wendezugsteuerung (ZWS) eingebaut werden.

TECHNISCHE DATEN			
Länge über Puffer	DABbuzfa 777		26.800 mm
	DABbuzfa 778		27.155 mm
Wagenkastenbreite			2.780 mm
Wagenhöhe über SO			4.630 mm
Dienstmasse			45.000 kg
Drehgestellbauart			Görlitz VI-(S)*-Do
Höchstgeschwindigkeit			120/140 km/h
Bremse	DABbuzfa 777		KE-P-AmZ (D)
	DABbuzfa 778		‹R› KE-R-Amz (D)
Großräume			5
Sitzplätze	DABbuzfa 777	1. Klasse	29
		2. Klasse	62
	DABbuzfa 778	1. Klasse	29
		2. Klasse	64
Heizung			Lhze
Erstes Baujahr	DABauzfa 777		1995
	DABbuzfa 778		1997
* nur DABbuzfa 778			

DBpza 780 DBp(k)za 781, DABpza 785, 786

Während die Bauarten DBza 780 und DABza 785 Tiefeinstiege haben, gelangen die Fahrgäste bei den Bauarten DBpza 781 und DABpza 786 durch Hocheinstiege ins Innere (DBpza 780, 50 80 26-81 083-0).

Gleichzeitig mit den Steuerwagen der Bauarten 765 und 766 beschaffte die DB ab 2003 auch reine 2.-Klasse-Wagen und gemischtklassige Fahrzeuge ohne Führerstand.

Entwicklung. Die als Bauarten DBpza 780 und DBp(k)z 781 sowie DABpza 785 und 786 bezeichneten Wagen sind wie die Steuerwagen, mit denen sie in RegionalBahn-Zügen eingesetzt werden, 160 km/h schnell. Sie werden meist mit den neuen Elloks der Baureihe 146 bespannt.

Der Einsatz von Regionalzügen wird heute überwiegend von den Bundesländern bezahlt, in denen die Züge fahren. Deren individuelle Wünsche wurden beim Bau der Wagen berücksichtigt. So hat eine kleine Serie der Bauart 781 einen Servicebereich mit Snack-Automaten bekommen. Sie wurde als DBpbkz 781 bezeichnet.

Wagenbau. Die Wagen laufen auf luftgefederten Drehgestellen der Bauart Görlitz VIII Mg, die neben der selbsttätigen und indirekt wirkenden Hochleistungs-Druckluft-Scheibenbremse auch eine Magnetschienenbremse hat. Schnellbremsbeschleuniger, ep-Bremsfunktion, sowie Notbremsüberbrückung und Feststellbremse vervollständigen die Bremsausstattung.

Der Wagenkasten ist als selbsttragende Schweißkonstruktion aus Profilen in Flächen- und Schalenbauweise hergestellt.

Gummiwulstübergänge mit beweglichen Übergangsbrücken und einflügeligen Schiebetüren ermöglichen den Übergang zu den Nachbarwagen. Die zweiflügeligen, elektrisch betriebenen Doppel-Schiebetüren der Einstiegsräume werden mit Sensortasten bedient.

Innenraum. Die Bauarten DBpza 780 und 781 sind reine 2.-Klasse-Wagen. Bei den DABpza 785 und 786 ist der gesamte Oberstock für die 1. Klasse reserviert, die restlichen Plätze gehören der 2. Klasse.

Bei den gemischtklassigen Wagen ist der komplette Oberstock der 1. Klasse vorbehalten. Unter- und Zwischenstock gehören zur 2. Klasse (DABpza 786, 50 80 36-81 027-5).

Während man bei den 2.-Klasse-Wagen auf Mehrzweckräume verzichtete, ist ein solcher im Unterstock der gemischtklassigen Wagen zu finden. Klappsitze an den Seitenwänden geben einen großen Stellplatz für Fahrräder, Rollstühle, Kinderwagen oder sperrige Güter frei. Im Oberstock gibt es große Gepäckablagen für die 1. Klasse.

Die geschlossenen Toiletten-Systeme sind bei allen Bauarten am Wagenende 2 zu finden. Frischwasser wird in einem Tank über der Toilette mitgeführt, das Abwasser in einem Tank unter der Toilette gesammelt.

Gegenüber dem WC befindet sich ein Apparateraum, in dem alle Regel- und Überwachungselemente der elektrischen Einrichtungen untergebracht sind.

Elektrik. Die Wagen sind voll klimatisiert, deshalb lassen sich die Fenster nicht öffnen. Die beiden regelbaren Kompaktklimageräte werden wie alle anderen Verbraucher über die Zugsammelschiene versorgt. Sie sind im Dach an den Wagenenden untergebracht und von außen an den großen Ansauggittern für Frischluft zu erkennen. Das Fahrgastinformationssystem verfügt über optische und akustische Einrichtungen, mit denen die Fahrgäste unterrichtet werden.

TECHNISCHE DATEN			
Länge über Puffer			26.800 mm
Wagenkastenbreite			2.784 mm
Wagenhöhe über SO			4.631 mm
Dienstmasse			49.000 kg
Drehgestellbauart			Görlitz VIII Mg
Höchstgeschwindigkeit			160 km/h
Bremse			<R> KE-PR-A-Mg (D) ep NBÜ
Großräume	DBpza 780		2
	DABpbza 785		3
Sitzplätze	DBpza 780		121
	DABpbza 785	1. Klasse	31
		2. Klasse	63
Heizung			Klimaes
Erstes Baujahr			2003

ABx 791, Bx 794

Die Wagen der Bauarten ABx 791 und Bx 794 wurden ausschließlich für den Einsatz in S-Bahnen beschafft, deshalb haben sie drei Einstiegsräume. (ABx 791, 50 80 30- 33 204-5).

Um im S-Bahn-Bereich flexibel auf Fahrgastschwankungen reagieren zu können, beschaffte die DB ab 1979 für das Gebiet Rhein-Ruhr Wagen der Bauarten ABx 791 Bx 794 und Bxf 796.

Entwicklung. Die im S-Bahn-Betrieb eingesetzten Triebwagen der Baureihe 420 bewährten sich gut, zeigten jedoch einige Nachteile. So konnte die Fahrgastkapazität nur durch An- oder Abhängen ganzer Züge verändert werden. Zudem war ein Übergang zwischen den einzelnen Wagen nicht möglich.

Das Fehlen eines WC wurde ganz besonders im Rhein-Main-Gebiet bemängelt, weil dort die Haltestellenabstände wesentlich größer sind als in anderen

S-Bahn-Netzen. Dies veranlasste die DB, hier auf lokbespannte Züge mit Einzelwagen zurückzugreifen. 1979 lieferten MBB und DUEWAG die ersten Wagen der Bauarten ABx 791, Bx 794 und Bxf 796 an die DB aus. Nach der Änderung einiger Details begann 1981 die Serienlieferung. Bis 1998 wurden von jeder Gattung vier Serien in Dienst gestellt, die sich auf die Bahnhöfe Düsseldorf und Nürnberg verteilten. Sie sind auch 2006 noch in diesen Bahnhöfen anzutreffen.

Wagenbau. Zweistufig gefederte Drehgestelle der Bauart LD 76 mit Gummi- und Luftfedern bilden die Laufwerke.

Eine Festellbremse ergänzt die Druckluft-Scheibenbremsen der Bauart Knorr.

Die Wagenkästen sind aus Aluminiumprofilen hergestellt. Drei Einstiegsräume mit elektropneumatischen Doppelschiebetüren ermöglichen den schnellen Fahrgastwechsel. Die Wagen besitzen Gummiwulstübergänge und zweiflügelige Stirndrehtüren.

Wegen der hohen Bahnsteige in allen S-Bahn-Netzen, konnte auf Trittstufen unter den Einstiegstüren verzichtet werden.

Ein Teil der Fenster lässt sich oben nach innen klappen, die anderen Fenster sind fest.

Innenraum. Im Grundriss unterscheiden sich die ABx 791 kaum von den Bx 794. Allerdings wurde der Einstiegraum zwischen den beiden 1.-Klasse-Großräumen verkleinert. Auf die beiden Bereiche verteilen sich insgesamt zwei offene Abteile und zwei Sitzreihen mit je vier stoffbezogenen Einzelsitzen, Kopfpolstern und Armlehnen. Die 1. Klasse ist durch eine Trennwand mit Drehtür von der 2. Klasse abgetrennt. Die 2. Klasse verfügt nur über Doppelsitze in Vis-à-vis-Anordnung. Die Sitzpolster auf den Rohrrahmengestellen waren zunächst mit Kunstleder bezogen, später wurde Stoff verwendet. Kleines Handgepäck kann auf den Längsablagen über den Fenstern verstaut werden.

Elektrik. Eine Zugsammelschiene versorgt die Wagen über eine unter dem Wagenboden aufgehängte Speicherbatterie mit Energie.

Die Leuchtstofflampen sind in Längsrichtung hinter Blendgittern in der Mitte der Innendecke montiert.

Die Wagen haben eine vollständige Lautsprecheranlage und eine 12-polige Durchgangsleitung. Die Ausrüstung wird durch die 36-polige Steuerleitung für den Wendezugbetrieb ergänzt.

TECHNISCHE DATEN			
Länge über Puffer			24.500 mm
Wagenkastenbreite			2.870 mm
Wagenhöhe über SO			3.852 mm
Dienstmasse			28.000 kg
Drehgestellbauart			LD 76
Höchstgeschwindigkeit			140 km/h
Bremse			KE-P-A (D)
Großräume			2
Sitzplätze	ABx 791	1.-Klasse	32
		2.-Klasse	48
	Bx 794		80
Heizung			Lhzes
Erstes Baujahr			1979

Bxf 796

Um an den Endpunkten der S-Bahn-Strecken die Lokomotiven nicht umspammen zu müssen, beschaffte die Deutsche Bundesbahn S-Bahn-Steuerwagen der Bauart Bxf 796.

Entwicklung. Zusammen mit den Wagen der Bauarten ABx 791 und Bx 794 lieferten MBB und DUEWAG 1979 auch die Steuerwagen der Bauart Bxf 796. Der Probephase mit Zwischenwagen und Lokomotiven der Baureihe 111 folgte 1981 nach der Änderung kleiner Details die Serienlieferung. Bis 1998 wurden vier Serien in Dienst gestellt, an deren Lieferung auch die PFA in Weiden und die DWA in Bautzen beteiligt waren. 2006 waren die Wagen in Düsseldorf und Nürnberg beheimatet.

Wagenbau. Als Laufwerke dienen Drehgestelle der Bauart LD 76 mit Drehhemmung und Wankstützen. Eine Fest-

Wie der Bxf 796, 50 80 8-33 209-3, wurden einige Steuerwagen mit zusätzlichen Fernscheinwerfern ausgestattet. Weil sie in S-Bahn-Netzen eingesetzt werden, sind sie teilweise mit Werbung versehen.

stellbremse ergänzt die Bremsausrüstung aus Scheibenbremsen und Zusatzbremse.

Untergestell und Wagenkasten bestehen aus Aluminium-Großstangenpressprofilen und sind in Vollintegralbauweise hergestellt.

Die elektropneumatischen Doppelschiebetüren der Einstiegsräume bieten eine Einstiegsweite von 1.300 mm. Die Fußbodenhöhe beträgt 1.000 mm über SO.

Ein Gummiwulst und eine zweiflügelige Drehtür sichern den Stirnübergang.

Die Fenster lassen sich im Oberteil nach innen klappen. Am Führerstand sind Drehtüren für das Personal vorhanden.

Innenraum. Der Innenraum zwischen den drei Einstiegsräumen teilt sich in zwei Fahrgasträume mit jeweils drei offenen Abteilen. Am Wagenende 2 ist neben zwei Toiletten ein weiteres offenes Abteil angeordnet.

Am anderen Wagenende befindet sich ein Stellplatz für Rollstühle oder große Gepäckstücke. Hier sind je drei Klappsitze in Längsrichtung untergebracht. Die Sitzpolster auf den Rohrrahmengestellen waren zunächst mit Kunstleder bezogen, später wurde Stoff verwendet. Über den Fenstern sind Längsgepäckablagen angebracht.

Der Fußbodenbelag aus verschweißten PVC-Bahnen ist an den Wänden wannenförmig hochgezogen. Die Seitenwände sind mit GFK-Formteilen verkleidet.

Der Führerstand ist bei den ersten Serien mit dem der Lokomotivbaureihe 111 identisch. Ab der Unterbauart Bxf 796.3 lehnt er sich an der Baureihe 120 an. Er verfügt u. a. über eine zeitmultiplexe Wendezugsteuerung, Sifa und einen Türschließer.

Elektrik. Elektrische Energie wird über die Zugsammelschiene zugeführt. Die Beleuchtung erfolgt mittels Leuchtstofflampen in der Mitte des Dachscheitels. Beheizt werden die Wagen über eine thermostatgeregelte Luftheizung.

Eine Lautsprecheranlage mit Außenlautsprechern, eine 12-polige Durchgangsleitung und die 36-polige Wendezugsteuerleitung ergänzen die technische Aussattung. Die Wagen haben Fernscheinwerfer neben den beiden unteren Spitzenlichtern.

TECHNISCHE DATEN	
Länge über Puffer	25.260 mm
Wagenkastenbreite	2.870 mm
Wagenhöhe über SO	3.852 mm
Dienstmasse	31.000 kg
Drehgestellbauart	LD 76
Höchstgeschwindigkeit	140 km/h
Bremse	KE-R-A-mZ (D)
Großräume	1
Sitzplätze	62
Heizung	Lhzes
Erstes Baujahr	1978

Avmz 801

Die Wagen der Unterbauart .0 mit blauer Inneneinrichtung sind für die Nutzung von Mobiltelefonen eingerichtet. An Videobildschirmen kann das bordeigene Unterhaltungsprogramm verfolgt werden (801 001-9).

Für den Einsatz im ICE-Hochgeschwindigkeitsverkehr wurden neben den Triebköpfen der Baureihe 401 auch neue, antriebslose Mittelwagen bebaut. Die 1.-Klasse-Wagen bekamen die Bezeichnung Avmz 801.

Entwicklung. Insgesamt entstanden bei DUEWAG, LHB, MBB und der Waggon Union 198 ICE-1-Mittelwagen 1. Klasse, die sich in drei Unterbauarten aufteilen. 2006 sind alle ICE-1-Züge in Hamburg beheimatet.

Wagenbau. Die Wagen laufen auf Drehgestellen der Bauart MD 53 mit Stahlfederung und doppelter Drehhemmung. Sie sind mit einer Scheiben- und einer Magnetschienenbremse ausgestattet.

Die verwindungssteife Bodenplatte des Untergestells besteht aus Hohlkammerprofilen mit Tragschienen für Aggregate und einer geschlossenen Bodenwanne. Die selbsttragende Leichtbaukonstruktion des Wagenkastens ist in Integralbauweise hergestellt. Verwendet wurden korrosionsbeständige Strangprofile aus einer Aluminium-Silizium-Legierung.

Druckdichte Doppel-Wellenbalge und Glieder-Übergangsbrücken sichern die Stirnübergänge. Die Wellenbalge umschließen auch die automatische Mittelpufferkupplung der Bauart Scharfenberg.

Als Einstiegstüren wurden druckdichte Schiebetüren gewählt. Die Türfenster sind als Notausstiege konzipiert. Die Seitenfenster sind von außen montiert und bilden zusammen mit Blindfenstern ein durchlaufendes Fensterband.

Innenraum. Die Wagen bieten neben drei geschlossenen Abteilen mit je fünf Plätzen, einen Großraum mit unterschiedlich angeordneten Sitzen. Die offenen Abteile neben dem Einstiegsraum sind mit Vis-à-vis-Bestuhlung und Tischen ausgestattet. Ab der Garderobe sind die Sitze in Reihenbestuhlung mit Klapptischen angeordnet. Außerdem wurden Quergepäckablagen über den Sitzen montiert, in den Großräumen Längsablagen über den Fenstern.

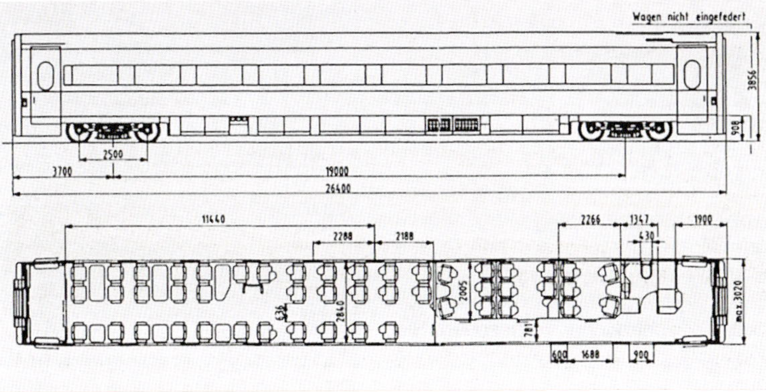

Hinter den drei Abteilen schließen sich ein geschlossenes WC-System sowie eine abschließbare Gepäckablage und der Schaltschrank an. In diesen Schrank sind drei Schauvitrinen integriert.

Die blau eingerichtetem Avmz 801.0 und die rot eingerichteten Avmz 801.4 sind für Nichtraucher vorgesehen. Die ebenfalls rot ausgestatteten Wagen der Bauart Avmz 801.8 stehen Rauchern zur Verfügung. In letzteren können wie in den Avmz 801.0 Mobiltelefone genutzt werden, zusätzlich steht hier ein Kartentelefon zur Verfügung.

Elektrik. Jeder Triebkopf speist jeweils eine der beiden Zugsammelschienen, die die elektrische Versorgung sicher stellen. Die Leuchtstoffröhren der Innenbeleuchtung sorgen für angenehme Helligkeit. Zusätzlich stehen Leseleuchten zur Verfügung.

Eine Klimaanlage mit Luft als Energieträger regelt Luftzirkulation und Temperatur in den Wagen. Die frische Luft wird über Deckenkanäle eingeblasen. Ein zusätzliches Luftheizsystem unter dem Fensterband wirkt kalten Seitenwänden entgegen. Das Fahrgast-Informationssystem (FIS) bietet neben einer Lautsprecheranlage und Bildschirmen zusätzlich die Möglichkeit, dass Reisende den Zugbegleiter für weitere Informationen per Knopfdruck an den Platz rufen.

Zur Ausstattung der Wagen gehört außerdem ein umfangreiches Diagnosesystem.

TECHNISCHE DATEN	
Länge über Puffer	26.400 mm
Wagenkastenbreite	3.020 mm
Wagenhöhe über SO	3.856 mm
Dienstmasse	51.700 kg
Drehgestellbauart	MD 53
Höchstgeschwindigkeit	280 km/h
Bremse	‹R› KE-R-Mg (D) ep
Großräume	1
Abteile	3
Sitzplätze	48
Heizung	Klimae
Erstes Baujahr	1990

Bvmz 802, BSmz 803

Der blau eingerichtete Bvmz 802 659-3 gehört zu den normalen 2.-KLasse-Wagen der ICE 1 ohne Sondereinrichtung.

Neben den Wagen 1. Klasse entstanden für den ICE 1 zwei unterschiedliche Bauarten 2. Klasse. Im Gegensatz zu den reinen Sitzwagen der Bauart Bvmz 802 verfügt die Bauart BSmz 803 zusätzlich über Sonderabteile.

Entwicklung. Alle fünf Unterbauarten der Bvmz 802 und die BSmz 803 wurden ab 1990 von DUEWAG, LHB, MBB und der Waggon Union gebaut.

2005 startete ein umfangreiches Redesign-Programm für die ICE-1-Mittelwagen. Ziel war es, die Inneneinrichtung und die elektrische Ausrüstung an jene der ICE-3 anzupassen.

Wagenbau. Als Drehgestell kommt die Bauart Minden-Deutz 53 mit Scheiben- und Magnetschienenbremse zum Einsatz.

Bodenwannen ergänzen die verwindungssteife Bodenplatte des Untergestells aus Hohlkammerprofilen. Korrosionsbeständige Aluminium-Silizium-Strangprofile bilden den Leichtbau-Wagenkasten.

Druckdichte Doppel-Wellenbalge sichern die Stirnübergänge, die nicht durch Türen von den Vorräumen abgetrennt sind. Über zwei Vorräume mit druckdichten Schiebetüren können die Wagen betreten werden. Die Seitenfenster bilden ein durchlaufendes Fensterband.

Innenraum. Die Bvmz 802 bieten neben vier geschlossenen Abteilen mit je fünf Plätzen einen Großraum. Neben dem Einstiegsraum sind in sechs offenen Abteilen die Sitze vis-à-vis mit Tischen angeordnet. Nach den beiden Garderoben folgen fünf Sitzreihen mit verstellbaren Einzelsitzen. In den Abteilen befinden sich Quergepäckablagen, in den Großräumen sind die Ablagen längs angeordnet. Neben den Abteilen befinden sich zwei geschlossene WC-Systeme und ein Schaltschrank mit Schauvitrinen.

Bei den BSmz 803 wurden die Sitzabteile durch ein Konferenzabteil, ein Abteil für den Zugbegleiter mit FIS-Zentrale und ein Abteil für das Speisewagenteam mit Vorrats- und Kühlschrank

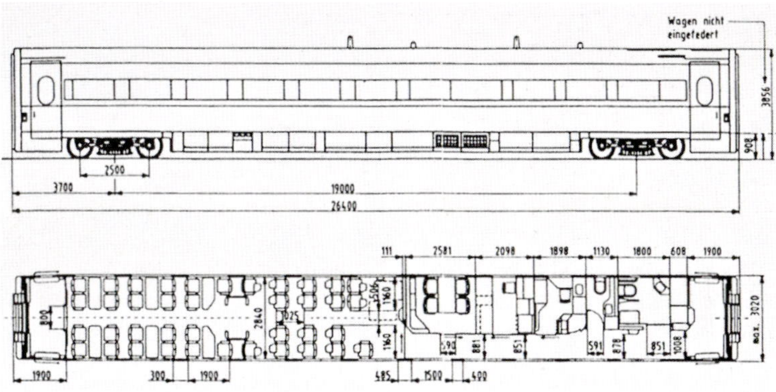

ersetzt. Ein WC ist behindertengerecht ausgeführt und hat zudem einen Wickeltisch. Die Wagen haben einen breiteren Seitengang und einen Stellplatz für Rollstühle. Die Bvmz 802.0 und Bvmz 802.3 sind Nichtraucherwagen. Sie unterscheiden sich voneinander in der Farbe der Inneneinrichtung. Die Bvmz 802.6 und Bvmz 802.8 stehen Rauchern zur Verfügung.

Elektrik. Die Wagen werden über zwei Zugsammelschienen mit Energie versorgt. Sie speisen u. a. die Speicherbatterie, den Energieversorgungsblock (EVB) und die Klimaanlage. Die Innenräume werden mit Leuchtstofflampen erhellt.

Die druckdichte Klimaanlage im Dachraum über den Toiletten versorgt die Innenräume über Dachkanäle mit Frischluft. Die komplette Anlage kann zu Wartungs- und Reparaturzwecken über Dachklappen aus den Wagen gehoben werden.

Das Fahrgastinformationsystem umfasst neben drei bordeigenen Audioprogrammen auch drei öffentliche Hörfunkprogramme. Über die Videoanlage können gleichzeitig zwei Programme übertragen werden. Sämtliche elektrische Einrichtungen der Mittelwagen sind an die „Zentrale Einrichtung zur Überwachung und Steuerung“ (ZEUS) angeschlossen. So können alle Abweichungen der Ist- und Sollzustände erfasst, behoben und wenn nötig an eine Werkstatt weitergeleitet werden.

TECHNISCHE DATEN		
Länge über Puffer		26.400 mm
Wagenkastenbreite		3.020 mm
Wagenhöhe über SO		3.856 mm
Dienstmasse		52.700 kg
Drehgestellbauart		MD 53
Höchstgeschwindigkeit		280 km/h
Bremse		‹R› KE-R-Mg (D) ep
Großräume		1
Abteile	Bvmz 802	4
Sitzplätze	Bvmz 802	66
	BSmz 803	43
Heizung		Klimae
Erstes Baujahr		1990

Der bei Ablieferung orientrot-pastellviolette Streifen wurde durch einen verkehrsroten abgelöst. Diesen Anstrich tragen inzwischen alle Wagen der DB Fernverkehr (WSmz 804 008-1).

Der Speisewagen der ICE-1-Züge unterscheidet sich durch seine Gesamthöhe von den anderen ICE-Wagen. Innen sind die Küche, das Restaurant und ein Bord-Treff untergebracht.

Entwicklung und Wagenbau. Insgesamt wurden 60 Speisewagen der Bauart WSmz 804 geliefert, von denen im Jahr 2006 alle noch vorhandenen in Hamburg beheimatet sind.

MD-53-Drehgestelle mit Rollstabilisatoren, Drehdämpfern, Scheiben- und Magnetschienenbremsen dienen als Laufwerk. Durch das hohe Gewicht der Wagen und die zugelassene Höchstgeschwindigkeit von 280 km/h wurden bei allen ICE-1-Wagen vier Bremsscheiben je Radsatz notwendig.

Eine verwindungssteife Bodenplatte aus Hohlkammerprofilen mit Tragschienen und Bodenwannen bildet das Untergestell. Der Wagenkasten wurde als Leichtbaukonstruktion in Aluminium-Integralbauweise aus korrosionsbeständigen Strangprofilen hergestellt.

Der Zugang zu den Speisewagen ist nur durch druckdichte Faltenbälge an der Stirnseite möglich. Etwa in der Mitte der Wagen ist auf beiden Seiten eine Ladetür angeordnet.

Neben dem durchlaufenden Fensterband sind im Dachbereich zusätzliche Fenster angeordnet. Holzlamellen verhindern die direkte Sonneneinstrahlung durch diese Fenster und erzeugen so eine behagliche Atmosphäre.

Innenraum. Der Innenraum gliedert sich in zwei Speiseräume, die durch eine Satellitenküche voneinander getrennt sind. Im Restaurant stehen an acht Tischen insgesamt 24 Plätze auf Polsterbänken oder losen Sesseln zur Verfügung. Tischlampen verbreiten gemütliches Licht. Die Innenausstattung und die Decke sind in den Speiseräumen mit Holz verkleidet.

Im Bord-Treff-Bereich stehen in Längsrichtung vier Tische, an die sich Sitzgruppen mit 16 Plätzen anschließen. Darüber hinaus stehen den Fahrgästen weitere Abstellflächen für Glä-

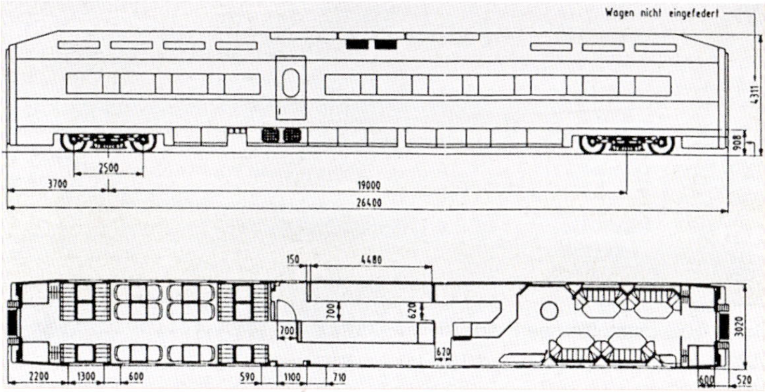

ser und Geschirr zur Verfügung. Im Gegensatz zum Restaurant müssen kleine Speisen und Getränke selbst an der Theke abgeholt werden. Im Eingangsbereich an beiden Wagenenden sind je zwei Garderoben untergebracht.

Die Küche ist mit modernen Geräten wie Mikrowellenherd, Grill und Getränkezapfanlage ausgestattet. Hier werden auch die Trolleys abgestellt, in denen das fertig zubereitete Essen an Bord kommt.

Elektrik. Zwei Zugsammelschienen dienen der Energieversorgung. Wegen des höheren Leistungsbedarfs durch die Küchengeräte haben die WSmz 804 einen stärkten Transformator und eine Speicherbatterie mit höherer Kapazität.

Die Beleuchtung erfolgt durch Leuchtstofflampen, die sich hinter Blendgittern über den Fenstern befinden.

Die Einkanal-Klimaanlage ist im Dachbereich über der Küche zu finden.

Beim Fahrgast-Informations-System (FIS) wurde auf Monitore verzichtet. Restaurant und Treff-Bereich können getrennt beschallt werden. Über eine Tastatur im Kassenschrank können gespeicherte Ansagen im ganzen Zug ausgestrahlt werden.

Die Durchgangsleitung ist bei allen Wagen durch einen Lichtwellenleiter ersetzt, der als Datenbus für die „Zentrale Einrichtung zur Überwachung und Steuerung“ (ZEUS) dient.

TECHNISCHE DATEN		
Länge über Puffer		26.400 mm
Wagenkastenbreite		3.020 mm
Wagenhöhe über SO		4.311 mm
Dienstmasse		56.000 kg
Drehgestellbauart		MD 53
Höchstgeschwindigkeit		280 km/h
Bremse		‹R› KE-R-mg (D) ep
Sitzplätze	Restaurant	24
	Bord-Treff	16
Stehplätze	Bord-Treff	12
Heizung		Klimae
Erstes Baujahr		1990

Apmz 805, Bpmz 806

Bei den Sitzwagen des ICE 2 wurde auf geschlossene Abteile verzichtet. Alle Sitzeplätze befinden sich in Großräumen (Bpmz 806 628-4).

Für die zweite Generation der ICE-Züge wurden erneut antriebslose Mittelwagen verschiedener Gattungen beschafft, darunter die 1.-Klasse-Wagen der Bauart Apmz 805 und die 2.-Klasse-Wagen der Bauart Bpmz 806.

Entwicklung. Die Wagen lehnen sich in Konstruktion und Aussehen an die Mittelwagen des ICE 1 an. Von jeder Unterbauart wurden 44 Fahrzeuge geliefert, so dass zusammen mit den anderen Gattungen und den Triebköpfen der Baureihe 402 insgesamt 44 Halbzüge gebildet werden können.

Die Apmz 805 teilen sich in die Unterbaureihen .0 (Raucher) und .3 (Raucher/Nichtraucher). Bei den 2.-Klasse-Wagen gibt es die Unterbaureihen .0 mit Kleinkindabteil, Rollstuhlplatz und Handynutzung sowie .3 und .6 ohne diese Enrichtungen. Am Bau beteiligt waren u. a. DWA (Apmz 805.0), Siemens/Adtranz (Apmz 805.3) sowie DUEWAG und LHB (Bpmz 806). Alle Fahrzeuge wurden nach ihrer Abnahme in München beheimatet, sind aber 2006 in Berlin zu Hause.

Wagenbau. Für die zweite Generation der ICE-Mittelwagen wurden die luftgefederten Drehgestelle der Bauart SGP 400 entwickelt. Sie sind mit einer Scheibenbremse mit vier Wellenbremsscheiben je Radsatz ausgestattet. Zusätzlich hat je ein Drehgestell des Wagens eine Magnetschienenbremse. Eine Notbremsüberbrückung ist ebenfalls vorhanden.

Wagenkasten und Bodenplatte in Aluminium-Integralbauweise sind aus verschiedenen Baugruppen zusammengeschweißt.

Die Schiebetüren an den beiden Endeinstiegsräumen haben Klapptrittstufen und ovale Fenster. Ihre Öffnungsweite beträgt 950 mm. Die Stirnübergänge werden durch druckdichte Doppel-Wellenbalge gesichert, die auch die automtische Scharfenbergkupplung umschließen.

Das durchgehende Fensterband aus Normal- und Blindfenstern mit Isolier-

Der Apmz 805 304-3 gehört zu den eingesetzten Wagen, die sowohl Rauchern, als auch Nichtrauchern Platz bieten.

glas ist von außen auf die Seitenwände aufgeschraubt.

Innenraum. Die Fahrgasträume beider Gattungen sind als Großräume ausgeführt. Teilweise sind die gepolsterten, verstellbaren Doppel- und Einzelsitze in Reihe angeordnet, teilweise vis-à-vis mit Tischen. In den Apmz 805.3 trennen Glaswände den Raucher- und den Nichtraucherbereich. Die Längsgepäckablagen über den Fenstern sind aus Glas. Jeder Wagen hat an einem Ende zwei geschlossene WC-Systeme mit den zugehörigen Behältern im Wagendach und unter dem Wagenboden. Das Kleinkindabteil der Bpmz 806.0 bietet außer Spiel- und Sitzbereich einen Kinderwagenabstellplatz und eine Krabbelfläche.

Elektrik. Die Stromversorgung erfolgt über eine Zugsammelschiene und den Energieversorgungsblock (EVB). In der 1. Klasse ergänzen Leseleuchten die Hauptbeleuchtung, für die in beiden Klassen Fensterbandleuchten mit Leuchtstofflampen montiert sind. Die Notbeleuchtung erfolgt über Kompakt-Leuchtstofflampen. Eine druckdichte Klimaanlage sorgt für Frischluft in den Innenräumen.

Das Fahrgastinformationssystem (FIS) verfügt über folgende Komponenten: Zuglaufanzeige außen und innen, Lautsprecher, Videoausrüstung, 8-Kanal-Audioprogramm, Serviceruf und elektronische Platzreservierung. Lichtwellenleiter ermöglichen die Datenübertragung für das Diagnosesystem (ZEUS).

TECHNISCHE DATEN		
Länge über Puffer		26.400 mm
Wagenkastenbreite		3.020 mm
Wagenhöhe über SO		3.856 mm
Dienstmasse	Apmz 805	46.500 kg
	Bpmz 806	47.000 kg
Drehgestellbauart		SGP 400
Höchstgeschwindigkeit		280 km/h
Bremse		<R> KE-R-mg (D) ep
Großräume		1
Sitzplätze	Apmz 805	54
	Bpmz 806	73
Heizung		Klimae
Erstes Baujahr		1996

Bei den ICE-2-Service-Wagen Bauart WSmz 807 verzichtete man auf die überhöhte Bauweise der ICE-1-Speisewagen Bauart WSmz 804 (WSmz 807 010-4).

Wegen des Halbzugkonzepts genügte beim ICE 2 ein kleinerer Speiseraum, so dass Service und Restaurantbereich in einem Wagen zusammengefasst werden konnten.

Entwicklung. Die Wagen der Bauart WSmz 807 enthalten sämtliche Serviceeinrichtungen, ein Zugbegleiterabteil und ein behindertengerechtes WC. Ab 1997 lieferte LHB die 44 Wagen die Deutsche Bahn.

Wagenbau. Neu entwickelte luftgefederte Drehgestelle der Bauart SGP 400 mit Kegelrollenlagern und Drehhemmern dienen als Laufwerke. Sie sind mit einer Scheibenbremse und einer Magnetschienenbremse am Drehgestell 1 ausgerüstet. Eine Notbremsüberbrückung ist vorhanden. Eine Gleitschutzanlage überwacht die Drehzahl der Räder.

Der Wagenkasten ist in Aluminium-Integralbauweise ausgeführt. Die Baugruppen Untergestell, Seitenwände, Stirnwände und Dach sind in sich und untereinander zusammen geschweißt.

Über zwei Ladetüren in der Mitte werden die Vorräte ergänzt. Die Fahrgäste können durch zwei Schiebetüren mit Klapptrittstufen am Wagenende 1 einsteigen. Wie beim ICE 1 sind die Stirnübergänge durch druckertüchtigte Doppel-Wellenbalge gesichert.

Das durchgehende Fensterband ist aus Normal- und Blindfenstern aus Isolierglas aufgebaut.

Innenraum. Die Sitze in den vier offenen Abteilen des Restaurants sind 2+1 aufgeteilt. Zwei Viererabteile sind mit Sitzbänken eingerichtet, in den beiden anderen Viererabteilen stehen Stühle. In allen vier Zweierabteilen sind die Sitze fest montiert.

An den Seitenwänden montierte Tischlampen beleuchten die hölzernen Tische. Der Fußboden ist mit Teppich ausgelegt. Richtung Küche schließt sich

In den WSmz 807 sind neben dem Restaurant auch die Sonderabteile für das Personal und eine behindertengerechte Toilette zu finden (WSmz 807 005-4).

ein kleiner Bistro-Bereich mit Stehplätzen und Abstellmöglichkeit für Gläser und Geschirr an. Hier ist ein Gumminoppenbelag ausgelegt. Die Küche ist mit Spülmaschine, Kaffeemaschine, Schränken für Gläser und Geschirr, einer Thekenanlage, einer Kühlanlage und Stellplätzen für Essenscontainer ausgestattet. Auf dem Fußboden der Küche liegt ein Anti-Rutsch-Belag.

Das Zugführerabteil enthält u. a. eine klappbare Sitzbank sowie Schränke für Kleidung und Dienstunterlagen. Hier sind auch die Sprechstelle und die Steuereinrichtung des Fahrgastinformationssystems (FIS) untergebracht. Ein Abfallbehälter und ein Notarztkoffer sind ebenfalls vorhanden.

Der Zugang zum Kartentelefon erfolgt über den Seitengang. Der Boden ist hier mit Polyamid ausgelegt.

An das Zugführerabteil schließt sich eine behindertengerechte geschlossene WC-Anlage mit Waschgelegenheit an.

Elektrik. Die Wagen sind mit einer Zugsammelschiene ausgestattet, die auch die druckdichte Klimaanlage speist. Fensterbandleuchten mit Leuchtstofflampen übernehmen die Hauptbeleuchtung.
In der Küche werden sie durch Arbeitsleuchten ergänzt. Lichtwellenleiter ermöglichen die Datenübertragung im Bussystem der Diagnoseeinrichtungen.

TECHNISCHE DATEN	
Länge über Puffer	26.400 mm
Wagenkastenbreite	3.020 mm
Wagenhöhe über SO	3.856 mm
Dienstmasse	52.000 kg
Drehgestellbauart	SGP 400
Höchstgeschwindigkeit	280 km/h
Bremse	‹R› KE-R-mg (D) ep
Großräume	1
Sitzplätze Speiseraum	24
Heizung	Klimae
Indienststellung	1997

Weil bei den ICE-2-Zügen ein Triebkopf zur Beförderung der Züge ausreicht, wurden die Endwagen als Steuerwagen ausgeführt.

Für die als Halbzüge verkehrenden ICE-2-Züge reicht ein Triebkopf aus. Deshalb begnügte man sich am anderen Zugende mit einem antriebslosen Steuerwagen.

Entwicklung. Die Steuerwagen Bpmzf 808 stellen im Gegensatz zu den ICE-Mittelwagen eine Neukonstruktion dar. An einem Ende wurden sie in der äußeren Form an die Triebköpfe angepasst und mit vollständigem Führerstand ausgerüstet. Die 45 Wagen wurden von Siemens/Adtranz geliefert und sind 2006 in Berlin beheimatet. 44 werden in ICE-2-Zügen benötigt, einer dient als Ersatz.

Wagenbau. Auch diese Wagen laufen auf luftgefederten Drehgestellen der Bauart SGP 400 mit Scheiben- und Magnetschienenbremse. Schlingerdämpfer und Wankstützen sorgen auch bei hohen Geschwindigkeiten für einen ruhigen Lauf. Wie bei allen ICE-2-Mittelwagen sind vier Wellenbremsscheiben je Radsatz zu finden. Außer dem Triebkopf hat nur der Steuerwagen eine Federspeicher-Feststellbremse.

Zusätzlich sind die Drehgestelle mit Sandstreueinrichtungen, LZB-Antennen und einem Indusi-Magneten am Drehgestell unter dem Führerstand ausgestattet. Eine Gleitschutzanlage überwacht die Raddrehzahl.

Der geschweißte, in Aluminium-Integralbauweise hergestellte Wagenkasten hat zur Erhöhung der Biegesteifigkeit zusätzliche Spanten in den Quertrennwänden.

Zwei Einstiegsräume mit automatischen Schiebetüren und Klapptrittstufen ermöglichen den Zugang vom Bahnsteig aus. Ein Doppel-Wellenbalg und eine Gliederbrücke sichern den Stirnübergang.

Das durchgehende Fensterband besteht aus Normal- und Blindfenstern aus Isolierglas. Es ist von außen auf den Wagenkasten aufgeschraubt.

Innenraum. Zwischen den Einstiegsräumen liegt ein Großraum mit verstellbaren Einzel- und Doppelsitzen. Sie sind teils in Reihe, teils vis-à-vis mit Tischen angeordnet. Das Gepäck und die Jacken

Wie die Triebköpfe der ICE-Flotte tragen auch einige Steuerwagen die Namen deutscher Städte. So wurde der Bpmzf 808 007-9 auf den Namen „Stendal" getauft.

der Fahrgäste finden in der Garderobe und auf den Längsgepäckablagen über den Fenstern Platz. Bei Bedarf kann der vordere Bereich des Großraums zu einem Mehrzweckraum umgestaltet werden. Dazu müssen nur die ersten drei Sitzreihen ausgebaut und eine Trennwand eingebaut werden. Am Wagenende mit dem Übergang ist eine Nasszelle mit geschlossenem WC-System und Waschgelegenheit vorhanden.

Elektrik. Die Schränke mit den Schalt- und Regelelementen sind im Maschinenraum zwischen Einstiegs- und Führerraum untergebracht. Hier liegt für den Notfall eine Übergangskupplung zum Abschleppen bereit.

Der Führerstand entspricht dem eines Triebkopfs. Er enthält alle erforderlichen Einrichtungen, z. B. Zugsteuergeräte (ZSG), Linienzugbeeinflussung (LZB), Zugbahnfunk (ZBF), automatische Fahr- und Bremssteuerung (AFB, HSM) und einen Diagnose-Rechner (DAVID). Der Führerstand ist wie der gesamte Wagen voll klimatisiert, allerdings über ein eigenes Klimagerät. Das Stirnfenster wird zusätzlich beheizt. Auch die Schaltschränke im Maschinenraum werden separat belüftet.

Die Beleuchtung im Fahrgastraum erfolgt über Fensterbandleuchten mit Leuchtstofflampen.

Zum Fahrgastinformationssystem (FIS) gehören u. a. Zuglaufanzeigen und Lautsprecher. Die elektrische Einrichtung wurde gegenüber den Mittelwagen um zwei Hilfwechselrichter erweitert.

TECHNISCHE DATEN	
Länge über Kupplung	26.400 mm*
Wagenkastenbreite	3.020 mm
Wagenhöhe über SO	3.856 mm
Dienstmasse	49.000 kg
Drehgestellbauart	SGP 400
Höchstgeschwindigkeit	280 km/h
Bremse	‹R› KE-R-mg (D) ep
Großräume	1
Sitzplätze	52
Heizung	Klimae
Erstes Baujahr	1997

* 26.560 mm über Bugklappen

Der WGSmz 853 mit der Nummer 73 80 89-90 001-8 ist ein Einzelstück im Wagenpark der DB. Der 1974 gebaute Salonwagen steht bevorzugt den Regierungschefs der Bundesrepublik zur Verfügung.

Der WGSmz 853 stellt eine Besonderheit im Wagenpark der DB dar. Er wurde speziell für die Nutzung durch den Bundeskanzler vorgesehen und entsprechend eingerichtet.

Entwicklung. Gebaut wurde der Wagen 1974 bei Wegmann in Kassel. 1992 wurde er modernisiert und druckertüchtigt. Seit 1998 ist er in Frankfurt beheimatet. Wird der Wagen nicht für Regierungszwecke benötigt, kann er von anderen Kunden gemietet werden.

Wagenbau. MD-36-Drehgestelle mit Schraubenfedern und Stoßdämpfern bilden das Laufwerk. Sie sind mit Scheiben- und Magnetschienenbremsen ausgestattet. Eine Notbremsüberbrückung wurde nachgerüstet.

Untergestell und Wagenkasten sind als Schweißkonstruktion aus Stahlprofilen und -blechen unterschiedlicher Güte hergestellt. Seitenschürzen verdecken die unterflur aufgehängten Aggregate.

Die automatischen Schiebetüren an den Einstiegen haben Handgriffe und feste Fenster.

Beide Stirnseiten werden durch Schiebetüren und druckdichte Übergänge der Bauart SIG gesichert.

Die Seitenfenster sind fest, können aber teilweise oben nach innen geklappt werden.

Innenraum. Das Herzstück des Wagens bildet der Konferenzraum, der mit einem Tisch und acht freistehenden Sesseln eingerichtet ist. An den Fenstern hängen Vorhänge und Rollos. Die Wände sind mit Stoff bespannt oder mit Holz verkleidet. An den Stirnseiten sind Schränke mit Ablageflächen vorhanden. Außer Radio- und Fernsehgeräten stehen hier eine Gegensprechanlage sowie ein Posttelefon und ein Telefon für das bahninterne Netz Basa zur Verfügung.

Die beiden Salonräume sind jeweils mit einer Liege und einem Kleiderschrank ausgestattet. Vor dem Fenster steht ein Tisch mit einem freistehenden

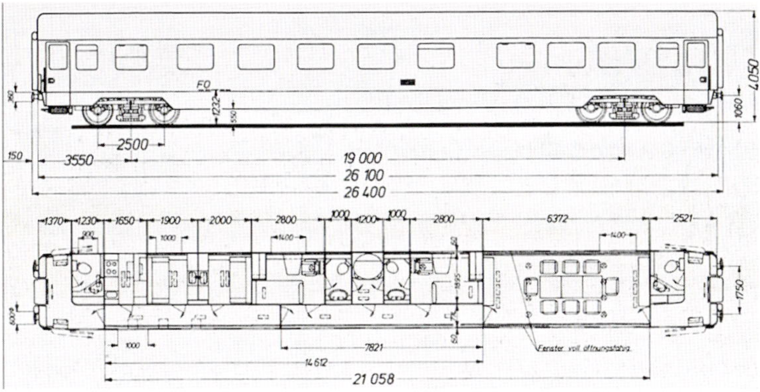

Sessel. Mit Ausnahme des Fernsehers haben die Salonräume die gleichen Kommunikationseinrichtungen wie der Konferenzraum. Zu jedem Salon gehört ein Sanitärraum mit WC und Waschgelegenheit. Zwischen den beiden Räumen befindet sich eine Dusche, die sowohl vom Seitengang als auch durch die Sanitärräume betreten werden kann.

Im Gästeabteil sind zwei Betten untergebracht, von denen das obere weggeklappt werden kann. In die gegenüberliegende Schrankwand ist ein Waschbecken integriert. Auch hier steht eine Gegensprechanlage zur Verfügung. Der Begleiterraum ist mit der gleichen Einrichtung ausgestattet.

Es folgt die Küche mit Kühl- und Vorratsschränken. Ein 4-Platten-Herd mit Bratröhre sowie eine Spüle mit Boiler ermöglichen die Zubereitung kompletter Menüs.

In beiden Vorräumen sind weitere Toiletten sowie die Schalt- und Steuerschränke untergebracht.

Elektrik. Die Energieversorgung mit unterschiedlichen Spannungen und Strömen erfolgt über die Zugsammelschiene. Ist die Zugsammelschiene nicht an eine Lokomotive angeschlossen, kann über das Ortsnetz die Versorgung sichergestellt werden. Die Leuchtstoffröhren der Innenbeleuchtung werden durch Leseleuchten und Punktstrahler in den beiden Salonräumen ergänzt. Der Tisch im Konferenzraum wird mit Glühlampen beleuchtet. Eine Klimaanlage mit Luft als Energieträger sorgt für angenehme Temperaturen in den Innenräumen.

TECHNISCHE DATEN	
Länge über Puffer	26.400 mm
Wagenkastenbreite	2.825 mm
Wagenhöhe über SO	4.050 mm
Dienstmasse	55.200 kg
Drehgestellbauart	MD 36
Höchstgeschwindigkeit	200 km/h
Bremse	‹R› KE-GPR-Mg (D) ep
Heizung	Klimae
Erstes Baujahr	1974

Die Maschinenwagen an den Enden der Talgo-Hotelzüge versorgen den gesamten Zug mit Strom. Im Gegensatz zu den übrigen Wagen haben sie normale Puffer und Kupplungen (Dz[Maschinenwagen] 882, 50 80 96-35 004-8).

1994 richtete die Deutsche Bahn eine Nachtzugverbindung zwischen Berlin und Bonn bzw. zwischen Berlin und München ein. Zu diesem Zweck beschaffte sie Wagenzüge nach dem Vorbild des Talgo.

Entwicklung. Die vom spanischen Hersteller Patentes Talgo S. A. gebauten Züge stellen ein Novum bei der DB dar. Erstmals wurde ein Reisezug aus einem Gliederzug statt aus einzelnen Wagen gebildet. Die Fahrzeuge sind jedoch keine Neuentwicklung, denn Züge dieses Typs verkehren seit längerem in Spanien.

1997 wurden die Kajüt-Liegewagen der Bauart Bvcz 886 beschafft und in die Züge eingestellt.

Der Talgo setzt sich bei der DB normalerweise aus 24 Wagen zusammen. An den beiden Enden übernehmen die Maschinenwagen Dz 881 und Dz 882 die Energieversorgung des Zugs. Dazwischen sind acht Schlafwagen, ein Restaurant- und ein Bistrowagen mit Rezeption, sechs Sitzwagen mit Schlafsesseln – einer davon mit behindertengerechter Einrichtung – und sechs Kajütliegewagen eingereiht.

Wagenbau. Jeder Mittelwagen besitzt nur ein einachsiges Laufwerk und stützt sich auf der anderen Seite auf das Laufwerk des nebenstehenden Wagens ab. Die Fahrwerke bestehen aus je zwei rollengelagerten Losrädern mit jeweils zwei Bremsscheiben. Die fehlende Achse zwischen den Rädern erlaubt es, den Fahrwerksrahmen tief herunterzuziehen und ermöglicht damit einen tiefen Durchgang zwischen den Wagen. Deshalb konnte die Bauhöhe des gesamten Zugs auf 3.305 mm begrenzt werden. Um den Anlaufwinkel in Gleisbögen und in der Geraden möglichst gering zu halten, ist das Fahrwerk über Stangenlenker mit den benachbarten Wagenkästen verbunden. Die pendelnd aufgehängten Wagenkästen stützen sich über Tragsäulen und Luftfederbälge auf das Fahrwerk ab.

Die komplett geschweißten Wagenkästen setzen sich aus Aluminium-Pressprofilen zusammen. Die Übergän-

Die Speisewagen der Bauart WRkz 885 haben wie die Endwagen keine Einstiegtüren. Diese Wagen können nur durch die Stirnseiten betreten werden (WRkm 885, 50 80 83-35 004-3).

ge zwischen den Wagen werden durch Faltenbalge und Schiebe- bzw. Drehtüren gesichert.

Innenraum und Elektrik. Die jeweils fünf Abteile der WLAz 889 können je nach Bedarf als Ein- oder Zweibettabteile vermietet werden. Jedes Abteil ist mit einer Nasszelle ausgestattet, in der sich neben einem Waschbecken auch ein Vakuum-WC und eine Dusche befinden. Die Abteile werden mit einer Codekarte geöffnet. Über eine Gegensprechanlage können die Reisenden Kontakt zum Zubegleiter aufnehmen.

In den Großraumabteilen der Schlafsesselwagen Bpczb 883 und Bpcz 884 sind 30 bzw. 20 Liegesessel montiert. An einem Wagenende befindet sich das WC, am anderen die Gepäckablage. Teilweise ist eine behindertengerechte Ausstattung eingebaut.

Im Restaurantwagen WRz 887 finden 30 Personen Platz. Hier sind der Abstellplatz für die Minibar und das Kartentelefon untergebracht. Im Bistrowagen WRkz 885 haben eine Bar, eine Küche mit Kühlräumen und die Rezeption mit Schließfächern ihren Platz gefunden. Auch eine Musikanlage und die Schaltstelle des Weckrufs sind dort untergebracht.

TECHNISCHE DATEN		
Länge Endwagen		12.170 mm
Länge Mittelwagen		13.140 mm
Wagenkastenbreite		2.942 mm
Wagenhöhe über SO		3.305 mm
Dienstmasse	Dz 881/882	14.200 kg
	Bpczb 883/884	16.000 kg
	WRkz 885	17.100 kg
	WRz 887	16.800 kg
	WLAz 889	15.800 kg
Höchstgeschwindigkeit		140 km/h
Bremse		‹R› KE-R (D)
Schlafsesselplätze	Bpczb 883	20
	Bpcz 884	30
	Bvcz 886	20
Sitzplätze	WRz 887	30
Liegeplätze	WLAZ 889	10
Heizung		Klimae
Erstes Baujahr	881 – 885, 887, 889	1994
	Bvcz 886	1997

Für die Eisenbahn auf der Insel Wangerooge hält die DB einen kleinen Park unterschiedlich lackierter, schmalspuriger Personenwagen vor (Kbi 868, 83 209).

Ende der 1980er-Jahre waren die Wagen der Inselbahn auf Wangerooge so verschlissen, dass sie durch neue Fahrzeuge ersetzt werden mussten.

Entwicklung und Wagenbau. Der Auftrag für die einzigen Schmalspurwagen der DB ging an das Reichsbahnausbesserungswerk Perleberg, das 12 reine Sitzwagen 2. Klasse und zwei Halbgepäckwagen lieferte die sich in ihrer Konstruktion stark an die Wagen der Harzer Schmalspurbahnen anlehnten.

In den geschweißten Drehgestellen mit Blatttragfedern laufen Radsätze in Wälzlagern. Auf den Einbau einer Druckluftbremse wurde verzichtet, die Wagen haben nur eine manuell zu bedienende Feststellbremse.

Die Fahrgäste steigen über offene Bühnen und einfache Schiebetüren an den Stirnseiten ein und aus.

Durch die zusätzlichen, vierflügeligen Drehfalttüren in den Seitenwänden der beiden Halbgepäckwagen können sperrige Gegenstände verladen werden.

Der obere Teil der Fenster kann zur Belüftung nach innen geklappt werden.

Innenraum und Elektrik. Die Wagen haben Großräume mit Vis-à-vis-Bestuhlung. Die geposterten Sitz- und Lehnflächen der Stahlrohrgestelle sind mit Kunstleder bezogen.

In den Gepäckräumen der KBDi, die bevorzugt der Beförderung von Fahrrädern dienen, befinden sich auch Stellplätze für Rollstühle. Auf Toiletten wurde bei allen Wagen verzichtet.

TECHNISCHE DATEN		
Länge über Kupplung		15.680 mm
Wagenkastenbreite		2.480 mm
Wagenhöhe über SO		3.310 mm
Dienstmasse		
Drehgestellbauart		
Höchstgeschwindigkeit		20 km/h
Bremse		nur Feststellbremse
Sitzplätze	KBi	70
	KBDi	23
Spurweite		1.000 mm
Erstes Baujahr		1992

Die Reisezugwagen-Drehgestelle ermöglichen den Autotransportwagen eine Höchstgeschwindigkeit von 160 km/h (DDm 915, 51 80 98-80 064-3).

Zur Beförderung von PKW in Reisezügen beschaffte die DB Ende der 1960er-Jahre 165 Autotransportwagen, deren Laufwerk sich an die Bauart der Reisezugwagen anlehnte.

Entwicklung. Bedingt durch die wachsenden Geschwindigkeiten im Reisezugverkehr und die steigende Nachfrage nach Autotransportwagen mussten Ende der 1960er-Jahre neue Wagen entwickelt werden. Geliefert wurden sie von der Niedersächsischen Waggonfabrik GmbH (Graaf) und der Waggonfabrik Uerdingen. Die inzwischen von der DBAutoZug übernommenen Fahrzeuge werden in nationalen und internationalen Reisezügen eingesetzt.

Wagenbau. Die DDm 915 laufen auf Drehgestellen der Bauart MD 44 leicht mit Radscheibenbremsen. Einige Wagen sind mit einer Magnetschienenbremse ausgestattet, die übrigen sind für deren Einbau vorbereitet.

Um den Abstand zwischen der Schienenoberkante und der Ladeebenen möglichst gering zu halten, wurde der Raddurchmesser von 950 mm auf 840 mm verringert.

Weil sich die Ladeebenen nicht verschieben lassen, müssen die PKW über Rampen verladen werden. Die zur Wagenmitte geneigten Fahrbahnen sind mit rutschfestem Anstrich versehen und haben Führungsschienen für Radvorleger. Die seitlichen Geländer wurden nachträglich erhöht. Jeweils fünf PKW können pro Ebene transportiert werden. Die Wagen sind mit Heizleitungen und 12-poligen Durchgangsleitungen ausgestattet. Die Schlußleuchten werden mittels Achsgeneratoren versorgt.

TECHNISCHE DATEN	
Länge über Puffer	26.400 mm
Wagenkastenbreite	2.825 mm
Wagenhöhe über SO	3.250 mm
Dienstmasse	27.700 kg
Drehgestellbauart	MD 44
Höchstgeschwindigkeit	160 km/h
Bremse	<R> KE-GPR-A-Mg (D)
Erstes Baujahr	1969

Die zweiachsigen Wagen der Bauart Es 027 sind in den EUROP-Pool eingestellt und können international eingesetzt werden. Die Aufnahme zeigt den Wagen 01 80 524 8 496-3.

1981 brauchte die Deutsche Reichsbahn der DDR weitere zweiachsige Wagen, obwohl sich inzwischen vierachsige Drehgestellwagen durchgesetzt hatten.

Entwicklung. In den 1960er-Jahren entsprachen viele offene zweiachsige Güterwagen der DR nicht mehr den Ansprüchen der Zeit. Weil einige Bauteile aber noch gut erhalten waren, entschloss sich die DR zur Rekonstruktion und Vereinheitlichung der alten Wagen nach UIC-Standard II.

Mitte der 1960er-Jahre lieferte das Raw Dresden die ersten Fahrzeuge aus. Bis 1978 verließen über 25.000 der bei der DB AG als Es 025 bezeichneten Wagen das Raw. Im Lauf der Zeit hatten sich jedoch so viele Änderungen ergeben, dass die DB AG diese ca. 4.100 Wagen als Es 026 einreihte.

Ab 1981 lieferte die Waggonfabrik Ceska Lipa schließlich 2.030 Wagen der hier vorgestellten Bauart Es 027.

Wagenbau. Ihre Laufwerke haben Zylinderrollenlager und gewalzte Vollräder, achtlagige Blattfederpakete sowie Doppelschaken.

Die Knorr-Druckluftbremse der Bauart KE-GP arbeitet mit einem zweistufigen Lastwechsel. Bei einigen Wagen wurde eine Feststellbremse eingebaut.

Das Untergestell aus Walz- und Abkantprofilen ist als Schweißkonstruktion ausgebildet. Der Wagenkasten besteht ebenfalls aus geschweißten Stahlprofilen, die Verkleidung aus Stahlblechen. Entladen werden die Wagen durch zweiflügelige Türen in den Seitenwänden oder durch Kopfklappen an den Stirnwänden.

TECHNISCHE DATEN	
Länge über Puffer	10.000 mm
Achsstand	6.000 mm
Ladelänge	8.760 mm
Ladefläche	24,0 m²
Lastgrenze CS	27.000 kg
Eigenmasse (Mittelwert)	13.000 kg
Höchstgeschwindigkeit (unbeladen)	120 km/h
Bremse	KE-GP
Erstes Baujahr	1981

Die Eanos-x 055 entsprechen weitgehend der Bauart Eanos-x 052. Sie gehören der Ahaus-Alstätter Eisenbahn (AAE) und wurden von der DB nur angemietet (31 80 537 7 268-3).

Nachdem Mitte der 1980er-Jahre die Hauptabmessungen für einen längeren vierachsigen Wagen festgelegt worden waren, beschaffte die DB die Eanos(-x) 052.

Entwicklung. In ihrer Grundkonstruktion entsprechen die ab 1987 gebauten Fahrzeuge den bisher beschafften vierachsigen Wagen, allerdings wurde der mittlere Bereich um 1,7 m verlängert.

1997 mietete die DB die hier vorgestellten Fahrzeuge aus finanztechnischen Gründen von der Ahaus-Alstätter Eisenbahn (AAE) an.

Wagenbau. Die Drehgestelle der Eanos-x 055 gehören zur Bauart 626 mit geschweißten Blechrahmen aus U-Profilen. Die zylindergelagerten Vollradsätze werden durch Schraubenfedern abgefedert.

Die normale Schraubenkupplung ist gegen eine automatische Mittelpufferkupplung austauschbar.

Die Knorr-Klotzbremse mit automatischer Lastabbremsung erlaubt den unbeladenen Wagen eine Höchstgeschwindigkeit von 120 km/h. Ergänzt wird sie durch eine seitenbedienbare Feststellbremse.

Eine geschweißte Rahmenkonstruktion bildet das Untergestell. An einer Seite ist eine Rangierbühne angebracht.

Der Wagenkasten setzt sich aus senkrechten Rungen und einem durchlaufenden Obergurt zusammen. Die Wandsegmente sind unten mit verstärkten Blechen verkleidet. An Längsseiten stehen je zwei zweiflügelige Türen zur Verfügung.

TECHNISCHE DATEN	
Länge über Puffer	15.740 mm
Achsstand	12.500 mm
Ladelänge	14.492 mm
Ladefläche	39,4 m²
Lastgrenze DS	65.000 kg
Eigenmasse (Mittelwert)	24.800 kg
Höchstgeschwindigkeit (unbeladen)	120 km/h
Bremse	KE-GP-A
Erstes Baujahr	1997

Die Umbauwagen der Bauart Eaos-x 057 unterscheiden sich u. a. durch den Stahlfußboden und die festgelegten Stirnklappen von den Spenderwagen der Bauart Eas 066 (Eaos-x 057, 31 80 540 0 006-8).

MIt den Eas 066 beschaffte die Deutsche Reichsbahn der DDR ab 1981 ihre ersten Wagen mit Hauptabmessungen nach UIC-Vorgaben.

Entwicklung. Die Wagen der Bauart Eaos-x 057 entstanden ab 1999 u. a. durch den Austausch des Holzbodens der Eas 066 gegen einen aus Stahl.

1999 wurde in Zwickau ein Probewagen mit Stirnwanderhöhungen nach Umgrenzung G 2 ausgestattet. Später folgte ein Wagen mit Stirnwänden nach G-1-Umgrenzung, erhöhtem Oberbau und verstärktem Oberrahmen. Ab Oktober 1999 erfolgte der Serienumbau.

Wagenbau. Die Eas-x 057 laufen auf zweiachsigen Drehgestellen der Bauart Y 25 Cs 2 oder Y 25 Rs. Im Blechrahmen aus U-Profilen werden Vollradsätze in Rollenlagern geführt. Die Schraubenfedersätze sind neben den Radsätzen angeordnet.

Die Knorr-Bremsanlage wirkt mit einem Bremszylinder, einerzweistufigen, mechanischen Lastabbremsung und Doppelbremsklötzen. Auf eine Stirnbühne konnte verzichtet werden, weil die bei einigen Wagen vorhandene Feststellbremse vom Boden aus bedient wird.

Das geschweißte Untergestell besteht aus unterschiedlichen Blechen und Stahlprofilen. Am geschweißten Wagenkasten mit durchlaufendem Oberrahmen können nur noch die zweiflügeligen Ladetüren auf den Längsseiten geöffnet werden. Die Kopfklappen der Ursprungswagen wurden festgelegt. Seiten-, Tür- und Eckrungen stabilisieren den Wagenkasten.

TECHNISCHE DATEN	
Länge über Puffer	14.040 mm
Achsstand	10.800 mm
Ladelänge	12.800 mm
Ladefläche	35,4 m²
Lastgrenze CS	57.500 kg
Eigenmasse (Mittelwert)	22.000 kg
Höchstgeschwindigkeit (unbeladen)	120 km/h
Bremse	KE-GP
Erstes Umbaujahr	1999

Die Wagen der Bauart Eaos 106 waren Ende der 1970er-Jahre die erste Neuentwicklung vierachsiger Hochbordwagen bei der DB (11 80 534 6 189-3).

In den siebziger Jahren hatte die UIC die Hauptabmessungen für offene vierachsige Güterwagen festgelegt. Nach deren Vorgaben stellte die DB ab 1978 Wagen der Bauart Eaos 106 in Dienst.

Entwicklung. Ab 1979 wurden die ersten 102 Wagen mit Stahlfußböden ausgeliefert und als Eaos-x 051 bezeichnet. Sie bewährten sich so gut, dass die DB Mitte der 1980er-Jahre eine Serie mit 500 Wagen in Dienst stellte. Später wurden ca. 2.000 Eaos 106 mit Stahlfußböden ausgestattet und zu Eaos-x 051 umgezeichnet.

Wagenbau. Die 500 zwischen 1985 und 1988 gebauten Wagen unterscheiden sich durch Drehgestelle der Bauart 650 von den übrigen, auf Y-25-Cs-Drehgestellen laufenden Wagen.

Die Drehgestelle der Bauart 650 stammen von LHB und weisen rollengelagerte Radsätze, Rechteckschaken und Parabelfedern auf.

Bei beiden Bauarten ist eine Knorr-Druckluftbremse Bauart KE-GP mit manuellem, zweistufigem Lastwechsel vorhanden. Der Wagenkasten besteht aus Seiten-, Eck- und Stirnrungen, die zunächst aus U-Profilen bestanden. Später wurden stärkere I-Profile verwendet. Die Rungen sind oben durch einen Obergurt verbunden.

Zwei zweiflügelige Drehtüren je Seite ermöglichen ein ebenerdiges Beladen der Fahrzeuge. Stirnklappen sind nicht vorhanden.

TECHNISCHE DATEN		
Länge über Puffer		14.040/14.290* mm
Achsstand		10.800 mm
Ladelänge		12.792 mm
Ladefläche		35,3 m²
Lastgrenze CS		59.500 kg
Eigenmasse (Mittelwert)		
	Eaos 106	21.000 kg
	Eaos-x 051	21.650/21.900* kg
Höchstgeschwindigkeit (unbeladen)		120 km/h
Bremse		KE-GP
Erstes Baujahr	Eaos 106	1978
	Eaos-x 051	1985

* mit Feststellbremse

Die hier vorgestellten Fahrzeuge waren die ersten von der DB beschafften Selbstentladewagen mit einem Achsstand von 6.000 mm (Fcs 092, 01 80 646 1 782-4).

Ab 1961 fertigte das AW Paderborn auf überarbeiteten Untergestellen von offenen Omm 37 (E 031) die Selbstentladewagen Fc 090.

Entwicklung. Durch den fehlenden Lastwechsel der Bremse war die Höchstgeschwindigkeit der Fc 090 auf 80 km/h begrenzt. Dies erfüllte Mitte der 1980er-Jahre nicht mehr die Anforderungen. Weil sich die Wagen noch in gutem Zustand befanden, baute die DB in 626 Wagen einen G-P-Wechsel ein und konnte damit die Höchstgeschwindigkeit auf 100, später auf 120 km/h anheben.

Zu Beginn der 1990er-Jahre stattete die DB auch die restlichen Fc 090 mit einem G-P-Wechsel aus und bezeichnete sie als Fcs 092.

Wagenbau. Beide Bauarten laufen auf rollengelagerten Radsätzen mit achtlagigen Blatttragfedern.

An einer Stirnseite sind die Wagen um eine Entladebühne mit Trittstufen und einem Geländer ergänzt. Der Wagenkasten aus Blechen und Profilen bildet einen trichterförmigen Laderaum, der durch einen Quersattel in zwei Ladekammern unterteilt ist. Der obere Teil des Kastens ist nach innen eingezogen, damit das Umgrenzungsprofil optimal ausgenutzt werden kann.

Die Entladung erfolgt über Öffnungen am Boden der Trichter. Sie werden mit verstellbaren Schiebern verschlossen. Auslaufrutschen und Gleitbodenverlängerungen ermöglichen ein Entladen auf Förderbänder neben dem Gleis.

TECHNISCHE DATEN	
Länge über Puffer	9.640 mm
Achsstand	6.000 mm
Ladelänge	8.800 mm
Laderaum	40,0 m^3
Lastgrenze CS	28.000 kg
Eigenmasse (Mittelwert)	11.5000 kg
Höchstgeschwindigkeit (unbeladen)	120 km/h
Bremse	KE-GP
Erstes Baujahr	1991

1978 stellte die Deutsche Reichsbahn der DDR mit den Facs 124 erstmals vierachsige Selbstentladewagen für witterungsunempfindliche Schüttgüter in Dienst (Facs 124, 31 80 694 0 317-4).

Um die Lastgrenzen ihrer Strecken auch mit leichten und zugleich witterungsunempfindlichen Schüttgütern wie Braunkohle ausnutzen zu können, stellte die DR die Facs 124 in Dienst.

Entwicklung. Den Auftrag über ca. 1.450 dieser Wagen erhielt der französische Hersteller ANF Industrie, der ab 1978 mit der Lieferung begann.

Weil bei der DB viele zweiachsige Schüttgutwagen am Ende ihrer Nutzungszeit angekommen waren und die DR gute Erfahrungen mit den Facs 124 gemacht hatte, beschaffte die DB ebenfalls vierachsige Schüttgutwagen. Die neuen Facns 133 haben im Gegensatz zu ihren Vorgängern nur drei Entladetrichter. LHB in Salzgitter war bei der Entwicklung federführend beteiligt und lieferte die ersten 600 Wagen.

Wagenbau. Die Drehgestelle der Facs 124 entsprechen der Bauart Y 25 Cs bzw. Y 25 Lsd 1 mit Schraubenfedern und rollengelagerten Radsätzen.

Die Druckluftbremse der Bauart KE-GP mit mechanischer Lastabbremsung ist bei einem Teil der Wagen durch eine Feststellbremse ergänzt. Untergestell und Wagenkasten bestehen aus korrosionsbeständigem Stahl und sind komplett geschweißt. Der Laderaum der Facs 124 wird durch halbhohe Quersättel in vier Kammern unterteilt, die jeweils über zwei Wölbschieber in Tiefbunker oder auf Förderbänder entladen werden können. Die Schieber werden durch Hebel und Gestänge von einer stirnseitig angeordneten Bühne aus bedient. Sie lassen sich in Abstufungen von 25 mm verschieben.

TECHNISCHE DATEN	
Länge über Puffer	19.040 mm
Achsstand	15.800 mm
Ladelänge	15.320 mm
Laderaum	70 m³
Lastgrenze CS	56.000 kg
Eigenmasse (Mittelwert)	25.000 kg
Höchstgeschwindigkeit (unbeladen)	120 km/h
Bremse	KE-GP
Erstes Baujahr	1978

Die vierachsigen Kastenkipper der Bauart Fans 128 haben zwei Lademulden.

Diese Kastenkipper entstanden auf Anfrage der Firma Wiebe, die die Fahrzeuge für Bauprojekte einsetzen wollte.

Entwicklung. Das Forschungs- und Entwicklungswerk (FEW) in Blankenburg entwickelte verschiedene Wagen mit pneumatischer Kippeinrichtung.

Zuerst entstand ein Prototyp mit zwei Mulden, dann ein weiterer mit einer Mulde. Er diente als Grundlage für die Serienwagen, die auch von der DB beschafft und als Fas 126 eingereiht wurden.

Die guten Erfahrungen mit den Fas 126 ermutigten die DB zur Folgebauart Fans 128. Auch hier war das FEW federführend bei der Entwicklung und dem Bau der insgesamt 700 Wagen.

Wagenbau. Als Drehgestelle wurde bei den Fans 128 die Bauart Y 25 Lsd 1 verwendet. Sie ist für eine Radsatzlast von 22,5 t ausgelegt und verfügt über Doppelbremsklötze. Zusätzlich zur Bremse mit automatischem Lastwechsel sind einige Wagen mit einer manuellen Feststellbremse ausgestattet. Die geschweißte Kastenkonstruktion des Untergestells besteht aus einem Mittellangträger und den beiden Kopfstücken zur Aufnahme der Zug- und Stoßvorrichtungen.

Die Mulden können um 45° gekippt werden. Die Seitenklappen drehen sich dabei um die Ober- oder die Unterkante nach außen. So kann die Kippentfernung geregelt werden. Hydraulikzylinder dienen zum Anheben der auf vier Lagerböcken aufsitzenden Wagenkästen.

TECHNISCHE DATEN	
Länge über Puffer	11.600 mm
Achsstand im Drehgestell	8.360 mm
Ladelänge	2 x 5.160 mm
Laderaum	2 x 18 m³
Lastgrenze D4S	61.000 kg
Eigenmasse (Mittelwert)	29.000 kg
Höchstgeschwindigkeit (unbeladen)	120 km/h
Bremse	KE-GP-A
Erstes Baujahr	1996

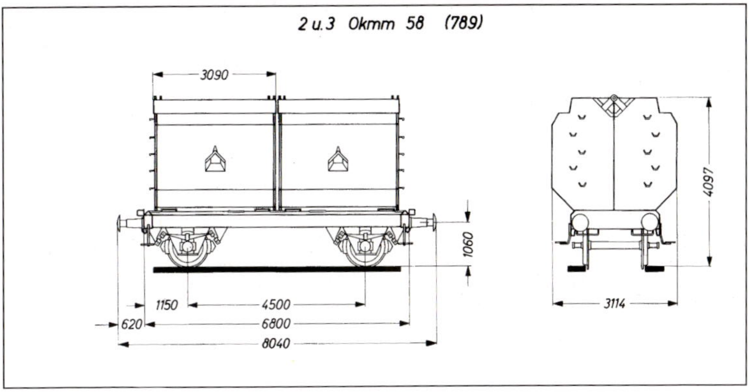

Die beiden Kübel lassen sich nach oben abnehmen und durch Aufklappen in Längsrichtung schlagartig entleeren. In den Kübeln werden Kohle und Koks transportiert.

Für den Transport von Kohle und Koks zwischen den Zechen und weiteren Umschlagplätzen beschaffte die Deutsche Bundesbahn Ende der 1960er-Jahre die Kübelwagen der Bauart Fb-zz 132.

Entwicklung. Die Wagen werden vor allem zur Beförderung von Kohle, Koks und Erz herangezogen.

Wagenbau. Das Laufwerk der zweiachsigen Wagen mit rollengelagerten Radsätzen und Blatttragfedern entspricht den Vorgaben der UIC.

Ein Teil der Fahrzeuge besitzt eine Druckluft-Klotzbremse, andere verfügen nur über eine Druckluftleitung. Einige Wagen haben zusätzlich eine Feststellbremse.

Auf dem geschweißten Untergestell aus Walzprofilen, das bei einigen Wagen um eine Stirnbühne verlängert ist, stehen zwei geschweißte Kübel, die sich von oben beladen lassen. Das Untergestell ist so ausgeführt, dass statt der beiden großen Kübel auch drei kleinere befördert werden können.

Zum Entladen werden die Kübel angehoben und in der Mitte aufgeklappt. Die beiden Kübelhälften sind oben über Bolzen beweglich miteinander verbunden.

Die Kübel verfügen über Trittstufen und seitliche Ösen für die Kranhaken. Sie stehen auf einem dachförmigen Mittenlangträger, so dass sie während der Fahrt geschlossen bleiben.

TECHNISCHE DATEN	
Länge über Puffer	8.040 mm
Achsstand	4.500 mm
Ladelänge	2 x 3.000 mm
Laderaum	2 x 24 m³
Lastgrenze C	27.500 kg
Eigenmasse (Mittelwert)	12.600/12.300* kg
Höchstgeschwindigkeit (unbeladen)	100 km/h
Bremse	KE-G
Erstes Baujahr	1957
* ohne Bremse, nur mit Druckluftleitung	

Die sechsachsigen Schüttgutwagen der Bauart Faals 150 haben eine automatische Mittelpufferkupplung.

Für den Erzverkehr zwischen Nordenham und Peine stellten die Peine-Salzgitter AG und die DB die sechsachsigen Faals 150 in Dienst.

Entwicklung. Die Lieferung der Bauart Faals 151 begann 1998. Die Wagen stellen Nachfolger der Faals 150 dar.

Ein Jahr später wurden weitere Wagen benötigt. Die Industrie konnte allerdings die bisher verwendete automatische Mittelpufferkupplung nicht mehr liefern. Deshalb wäre ein teurer Nachbau erforderlich gewesen. Weil die Fahrzeuge meist in Ganzzügen eingesetzt werden, verzichtete die DB darauf. Sie verband je zwei Wagen fest mit einem Vierkantrohr und bezeichnete diese Einheiten als Falrrs 153. 2003 begann die Fertigung der Nachfolgebauart Falrrs 152, ebenfalls Doppeleinheiten aus zwei sechsachsigen Schüttgutwagen.

Wagenbau. Die neu konstruierten dreiachsigen Drehgestelle stammen von LHB. Sie bestehen aus geschweißten Blechkonstruktionen mit Blatt- oder Parabelfedern und Drehpfanne. Die beiden Bremszylinder der Knorr-Druckluftbremse übertragen ihre Kraft auf einfache Bremsklötze.

Im Gegensatz zum Prototyp mit normaler Kupplung wurde die Serie mit automatischen Kupplungen ausgestattet. Das Öffnen und Schließen der Entladeklappen erfolgt durch hydraulisch angetriebene Daumenwellenverschlüsse. Profilgummileisten als Dichtungen verhindern den Verlust von feinem Ladegut.

TECHNISCHE DATEN	
Länge über Kupplung	15.050 mm
Achsstand im Drehgestell	9.700 mm
Ladelänge	12.900 mm
Laderaum	60 m³
Lastgrenze C4	72.500 kg
Eigenmasse (Mittelwert)	34.630*/31.120 kg
Höchstgeschwindigkeit (unbeladen)	120 km/h
Bremse	KE-GP
Erstes Baujahr	1975*/1978
* Prototyp	

Mit über 1.100 Stück bilden die Schüttgutwagen der Bauart Fals-x 164 die größte Serie dieser Wagen bei der Deutschen Reichsbahn der DDR (31 80 665 7 062-9).

Nach den 1956, 1958 und 1962 beschafften Wagen stellte die DR ab 1976 mit den Fals-x 164 ihre vierte und größte Serie von Schüttgutwagen in Dienst.

Entwicklung. Lieferant der über 1.100 Fahrzeuge war der rumänische Hersteller UV Arad.

Wagenbau. Die zweiachsigen Drehgestelle der Bauart Y 25 Cs stammen ebenfalls von UV Arad. Ihre Grundkonstruktion besteht aus einem H-Rahmen mit Schraubenfedern. Die Druckluftbremse ist mit einer mechanischen Lastabbremsung und einfachen Bremsklötzen ausgestattet. Sie wird durch eine zusätzliche Feststellbremse ergänzt.

Das Untergestell setzt sich aus den Außenlangträgern und einem sattelförmigen Boden zusammen. Die Pufferträger können mit einer automatischen Kupplung bestückt werden.

Der geschweißte Wagenkasten besteht aus einem festen Oberkasten, einem Quersattel und vier seitlichen Entladeklappen. Letztere werden von der Stirnbühne aus manuell ver- und entriegelt.

Die Wagen sind überwiegend für die Beförderung fettiger Braunkohle vorgesehenen. Mit einer Dampfleitung wird der Wagenboden beheizt, damit die Ladung nicht festfriert.

TECHNISCHE DATEN	
Länge über Puffer	13.500 mm
Achsstand	8.000 mm
Ladelänge	11.954 mm
Laderaum	75 m³
Lastgrenze CS	53.500 kg
Eigenmasse (Mittelwert)	26.000 kg
Höchstgeschwindigkeit (unbeladen)	120 km/h
Bremse	KE-GP
Erstes Baujahr	1976

Der Wagen 31 80 665 1 550-9 hat den neuen Oberkasten mit senkrechten Stirnseiten. Dadurch konnten der Laderaum und die Beladeöffnung vergrößert werden.

Zu den hier beschriebenen Bauarten von Selbstentladewagen gehören auch die ersten von der DB beschafften Fahrzeuge, die den UIC-Vorgaben Nr. 571.3 entsprachen.

Entwicklung. Diese Vorgaben forderten u. a. eine Höchstgeschwindigkeit von mindestens 100 km/h und die Möglichkeit zum Einbau einer automatischen Kupplung.

Um die hohen Lastgrenzen der Wagen besser ausnutzen zu können, erhielten einige Wagen einen vergrößerten Oberkasten mit senkrechten Stirnwänden und wurden später als Fals 185 bzw. Fals 186 bezeichnet.

Wagenbau. Alle fünf Bauarten laufen auf Drehgestellen der Bauart Minden-Siegen 664 mit Parabelfedern und Trapezschaken.

Für den Einsatz in Ganzzügen sind einige Fals mit einer automatischen Kupplung ausgestattet. Übergangswagen ermöglichen die Beförderung dieser Züge mit normalen Lokomotiven.

Über dem sattelförmigen Untergestell baut sich der Wagenkasten mit festem Oberkasten und vier Entladeklappen auf.

Die Klappen werden über einen Daumenwellenverschluss verriegelt und lassen sich nur paarweise und ungeregelt öffnen. Sie werden vom Ladegut nach außen gedrückt und fallen nach dem vollständigen Entleeren wieder in ihre Ausgangslage zurück.

TECHNISCHE DATEN	
Länge über Puffer	11.950 mm
Achsstand	8.200 mm
Ladelänge	10.688 mm
Laderaum	75 m³
Lastgrenze C4S	55.500 kg
Eigenmasse (Mittelwert)	24.300 kg
Höchstgeschwindigkeit (unbeladen)	120 km/h
Bremse	KE-GP-A
Erstes Baujahr	1970

Auf Grund des vergrößerten Oberkastens können die Lastgrenzen der Wagen besser ausgenutzt werden. Die Aufnahme zeigt den Falns 183 mit der Nummer 81 80 664 0 401-8.

Die Falns 180, 182 und 183 sind die ersten von der DB in Dienst gestellten Schüttgutwagen mit vergrößertem Oberkasten.

Entwicklung. Den Erfahrungen mit einem Prototyp folgte 1980 der Serienbau der Falns 180 mit magnet-hydraulischer Klappensteuerung. Ein Jahr später erschien eine zweite Bauart nur mit mechanischer Klappensteuerung und Bedienbühnen an beiden Stirnseiten (Falns 182). Die Falns 183 entsprechen wieder den Falns 180 mit nur einer Entladebühne, sind aber durch Edelstahlbleche besser vor Korrosion geschützt.

Die Wagen entsprechen dem Umgrenzungsprofil II, können also nicht international freizügig eingesetzt werden.

Wagenbau. Bei allen Wagen wurden Drehgestelle der Bauarten 642, 652 oder 665 verwendet.

Dic Druckluftbremse der Bauart KE-GP ist bei einigen Wagen um eine Feststellbremse ergänzt.

Die vier Klappen werden durch Daumenwellenverschlüsse verriegelt und sind über Gelenke oben am Wagenkasten befestigt. Gummiprofilleisten dichten die Klappen gegen den Wagenkasten ab. Sie werden beim Vorbeifahren an ortsfesten Magneten entriegelt, damit sie sich öffnen. Bei den Fals 183 wird der Verschluss hydraulisch gesteuert. Der dafür benötigte Öldruck wird durch eine Radsatzpumpe zur Verfügung gestellt und in einen Speicher gefördert.

TECHNISCHE DATEN	
Länge über Puffer	12.540 mm
Achsstand	9.300 mm
Ladelänge	11.594 mm
Laderaum	85 m³
Lastgrenze D4S	65.000 kg
Eigenmasse (Mittelwert)	25.000 kg
Höchstgeschwindigkeit (unbeladen)	120 km/h
Bremse	KE-GP
Erstes Baujahr	1981

Alle Wagen der ehemaligen DDR-Reichsbahn-Bauart Gbs 265 verfügen über eine Feststellbremse, die von einer Stirnbühne aus bedient wird (01 80 155 5 066-0).

Als letzte gedeckte Wagen beschaffte die Deutsche Reichsbahn der DDR in den Jahren 1987 bis 1989 insgesamt 500 Wagen der Bauart Gbs 265. Die Wagen wurden nach den UIC-Vorgaben Typ 1 in Algerien gebaut.

Wagenbau. Der Laufkreisdurchmesser der Rollenlager-Radsätze beträgt bei diesen Wagen nur 920 mm. Die Blatttragfedern sind neunlagig ausgeführt und über Doppelschaken mit den Lagerböcken am Untergestell verbunden. Die normalen Schraubenkupplungen und Zughaken können gegen eine automatische Kupplung ausgetauscht werden.

Die zweistufige, mechanische Lastabbremsung der Knorr-Druckluftbremse wird von Hand umgestellt. Alle Wagen besitzen auch eine Feststellbremse.

Für das Untergestell wurden Stahlprofile und -bleche verwendet. Tragende Teile bestehen aus hochwertigerem Stahl. An der Bühnenseite ist das Untergestell um 250 mm verlängert. Am Geländer der Bühne ist die Kurbel der Feststellbremse montiert.

Der Wagenkasten aus senkrechten und waagerechten Stahlprofilen ist von innen mit phenolharzverleimten Sperrholzplatten verkleidet. Die Schiebetüren mit Hakenverschluss bestehen aus Stahl. Unter den Türen befindet sich ein kurzer Trittbügel.

Für die Dacheindeckung wurde korrosionsbeständiger Stahl verwendet. Der Fußboden besteht aus Holzbohlen und kann befahren werden. Acht Belüftungsöffnungen lassen frische Luft in den Innenraum.

TECHNISCHE DATEN	
Länge über Puffer	14.270 mm
Achsstand	8.000 mm
Ladelänge	12.720 mm
Laderaum	80,0 m³
Lastgrenze CS	25.000 kg
Eigenmasse (Mittelwert)	15.000 kg
Höchstgeschwindigkeit (unbeladen)	120 km/h
Bremse	KE-GP
Erstes Baujahr	1987

Die beiden großen, aus einer Aluminiumlegierung hergestellten Schiebewandhälften ermöglichen ein schnelles Be- und Entladen der Wagen (Hbills-x 295, 21 80 227 6 410-2).

Die Bauarten Hbi(kk)lls-x 294 und Hbi(kk)lls-x 295 bilden nach den Hbis 297 und 299 die zweite Generation von Schiebewandwagen bei der DB.

Entwicklung. Nach einem Prototyp von 1973 wurde 1975 die Serienproduktion der Hbis 295 aufgenommen. Zwei Jahre später begann die Produktion der fast baugleichen Hbis 294, allerdings wurde bei diesen Wagen auf die automatische Lastabbremsung verzichtet.

Wagenbau. Das zweiachsige Laufwerk entspricht mit seinen rollengelagerten Radsätzen und den Blatttragfedern mit Doppelschaken den UIC-Vorgaben.

Die KE-GP-A-Druckluftbremse der Hbis 295 ist mit einer automatischen Lastabbremsung ausgestattet.

Das vollständig geschweißte Untergestell ist bei den Wagen mit Feststellbremse um eine Stirnbühne verlängert.

Der geschweißte Wagenkasten besteht aus den beiden festen Stirnwänden, dem Dach und zwei Seitenwandmittelsäulen. Die Schiebewände aus einer Aluminiumlegierung laufen auf Schienen, die an den Obergurten des Daches befestigt sind.

Im Innenraum befindet sich ein Transportsicherungssystem der Bauart „Daberkow“ mit verschiebbaren Querwänden und aufblasbaren Luftkissen.

TECHNISCHE DATEN	
Länge über Puffer	14.220 mm
Achsstand	9.000 mm
Ladelänge	12.776 mm
Laderaum	70,6 m^3
Lastgrenze CS	26.000 kg
Eigenmasse (Durchschnitt)	14.800 kg
Höchstgeschwindigkeit (unbeladen)	120 km/h
Bremse	KE-GP-A
Erstes Baujahr	1973

Hbis-ww 299 — Schiebewandwagen

Die Hbis 297 unterscheiden sich durch die Bremse mit automatischer Lastabremsung von den Wagen der Bauart Hbis 299 mit manuell umzuschaltender Lastabbremsung (Hbis-ww 299, 01 80 225 7 281-4).

Nachdem sich die Wagen der Bauart Tbis 870 und Tbis 871 mit ihren öffnungsfähigen Dächern und Seitenwänden bewährt hatten, stellte die DB ähnliche Wagen mit festem Dach in Dienst.

Entwicklung. Es hatte sich gezeigt, dass in einigen Einsatzbereichen die öffnungsfähigen Dächer überflüssig waren. So entstanden ab 1966 die Hbis 299. Bis 1975 übernahm die DB ca. 8.500 dieser Wagen. Ab 1970 erhielten die Wagen automatische Lastabbremsungen und Funkenschutzbleche. Diese Bauart wurde als Hbis 297 bezeichnet.

Wagenbau. Das überkritische Laufwerk ist mit Monobloc-Rädern bestückt und hat Blatttragfedern mit Doppelschaken.

Die Außen- und Innenlangträger bilden zusammen mit den Quer- und Pufferträgern das Untergestell. Es wird durch ein gelochtes Sprengwerk ausgesteift und ist aus Baustahl hergestellt.

Das feste Dach, die beiden festen Stirnwände und das Mittelportal bilden den Wagenkasten. Über den Seitenwänden verläuft ein durchgehender stabiler Obergurt, der auch das freitragende Aluminiumdach stützt.

Die manuell zu bedienenden, beweglichen Seitenteile bestehen zur Verringerung des Gewichts aus Aluminium. Sie werden manuell verschoben und geben etwa die Hälfte der Ladelänge frei. Beim Öffnen bewegt sich der Türflügel nach außen, so dass er sich über den verriegelten Flügel schieben kann. Einige der Fahrzeuge verfügen über eine Transportschutzeinrichtung der Bauart „Daberkow“.

TECHNISCHE DATEN	
Länge über Puffer	14.020 mm
Achsstand	8.000 mm
Ladelänge	12.774 mm
Laderaum	76,7 m^3
Lastgrenze CS	26.000 kg
Eigenmasse (Mittelwert)	13.800 kg
Höchstgeschwindigkeit (unbeladen)	120 km/h
Bremse	KE-GP
Erstes Baujahr	1966

Im Inneren der Wagen befinden sich verschieb- und arretierbare Quertrennwände zum Schutz des Ladeguts vor Beschädigungen.

Aus den Hbills 294/295 gingen zu Beginn der 1980er-Jahre die Schiebewandwagen der Bauarten 302, 303 und 304 hervor.

Entwicklung. Den Anfang machten die von 1978 bis 1982 beschafften und als Hbis-tt 302 bezeichneten Wagen. Parallel dazu wurde die Bauart 304 mit niedrigeren Lastgrenzen in Dienst gestellt. Sie wurde inzwischen in die Bauart 302 integriert.

Ab 1981 folgten die Hbikks-tt 303 mit geringerem Eigengewicht.

Wagenbau. Die beiden rollengelagerten Radsätze sind über zweistufige Trapezfedern und Doppelschaken mit dem Untergestell verbunden. Die Knorr-Druckluftbremse arbeitet mit mechanischem Lastwechel und Einfachbremsklötzen.

Das Untergestell ist bei der Bauart 302 durch ein offenes Sprengwerk verstärkt. Bei der Bauart 303 wurde der Außenlangträger zur Verstärkung fischbauchartig nach unten gezogen.

Die verwindungsweiche Konstruktion des geschweißten Wagenkastens besteht aus je zwei Stirnwandsäulen, dem Dach und den Mittelsäulen. Die Verkleidung der Stirnwände und des Dachs besteht aus Stahl. Für die Schiebewände wurde Aluminium verwendet.

Die Türen laufen in Schienen, die an den Obergurten des Dachs montiert sind. Beim Öffnen hebt sich das Seitenteil nach außen und schiebt sich über das geschlossene Seitensegment.

TECHNISCHE DATEN	
Länge über Puffer	14.220 mm
Achsstand	9.000 mm
Ladelänge	12.776 mm
Laderaum	76,7 m³
Lastgrenze DS	29.000 kg
Eigenmasse (Mittelwert)	15.800 kg
Höchstgeschwindigkeit (unbeladen)	120 km/h
Bremse	KE-GP
Erstes Baujahr	1978

Die Schiebewandwagen der Bauarten Hbbillns 305 und 306 eignen sich wegen ihrer großen Beladeöffnungen besonders für den Transport palettierter Güter (01 80 245 9 667-0).

Die Hbbillns 305 und die Hbbins 306 stellen zusammen mit den Hbilss-y 307, den Abschluss der Entwicklung zweiachsiger Schiebewandwagen bei der DB und der DR dar.

Entwicklung. Ab 1984 stellten beide Bahnverwaltungen insgesamt ca. 3.500 dieser Wagen in Dienst. Parallel zur Bauart 305 wurden ab 1986 Wagen ohne Transportschutzeinrichtung gebaut und von der DB als Hbbins 306 eingereiht.

Am Bau der DB-Wagen beteiligten sich u. a. die Waggon Union (Berlin) und LHB. Die DR-Wagen wurden von der Waggonbau Niesky, der Waggonbau Dessau, DUEWAG/Skoda und ABB geliefert.

Wagenbau. Als Laufwerke fanden rollengelagerte Radsätze mit vierlagigen Parabelfedern und Doppelschaken Verwendung.

Das geschweißte Untergestell besteht aus Stegblechen, einem durchlaufenden Untergurt und Kantprofilen.

Die beiden festen Stirnwände sind über einen durchlaufenden Obergurt miteinander verbunden. An den Längsseiten befinden sich Mittelsäulen. Das Dach besteht aus gewalzten Hutprofilen mit Lochleisten zur Fixierung der Querwände.

Labyrinthdichtungen an den manuell zu bedienenden Schiebewänden verhindern das Eindringen von Schmutz und Feuchtigkeit. Im Innenraum der Hbbillns 305 sind sechs verschieb- und verriegelbare Trennwände quer angeordnet. Sie werden durch zwei im Dach angebrachte Laufschienen geführt.

TECHNISCHE DATEN	
Länge über Puffer	15.500 mm
Achsstand	9.000 mm
Ladelänge	14.236 mm
Laderaum	105 m^3
Lastgrenze DS	30.000 kg
Eigenmasse (Mittelwert)	14.900 kg
Höchstgeschwindigkeit (unbeladen)	120 km/h
Bremse	KE-GP
Erstes Baujahr	1984

Die Hbbills 310 entsprechen in ihrem Aufbau den Hbbills 311, passen aber durch die ausgerundeten Dächer in das kleinere Umgrenzungsprofil G1 (21 80 247 5 299-8).

Die Bauarten der Großraum-Schiebewandwagen Hbbills 310 und Hbbils 311 werden zum Transport von sperrigen Stückgütern, bevorzugt in der Autoindustrie, eingesetzt.

Wagenbau. Die Scheibenradsätze des zweiachsigen Laufwerks sind rollengelagert. Die Federung wird von Parabelfedern übernommen, die über Doppelschaken mit den Lagerböcken am Untergestell verbunden sind.

Die Knorr-Klotzbremse hat eine automatische Lastabbremsung. Einige Wagen sind mit einer Feststellbremse ausgestattet.

Um Verformungen zu vermeiden, ist das Untergestell durch Torsionskästen verstärkt. Der geschweißte Wagenkasten besteht aus festen Stirnwänden, dem festen Mittelportal und dem schmalen Dachträger.

Die Schiebetüren sind aus Aluminium hergestellt. Geschlossen liegen sie mit dem Mittelportal in einer Ebene. Beim Öffnen schwenken die Türen nach außen und laufen in Schienen über den geschlossenen Türflügel hinweg. Gegen Verschmutzen des Ladegutes sind die Türen mit Labyrinthdichtungen versehen.

Die vier verschiebbaren Trennwände im Innern der Wagen sind im Dach an Laufschienen aufgehängt.

Für den Fußboden wurden wasserfest verleimte Sperrholzplatten verwendet.

Sämtliche Anbauteile wie Signalstützen, Tritte, Griffe, Seilhaken und Funkenschutzbleche entsprechen den UIC-Vorgaben.

TECHNISCHE DATEN	
Länge über Puffer	17.250 mm
Achsstand	10.000 mm
Ladelänge	15.590 mm
Laderaum	125,5 m³
Lastgrenze DS	27.000 kg
Eigenmasse (Mittelwert)	17.800 kg
Höchstgeschwindigkeit (unbeladen)	120 km/h
Bremse	KE-GP-A
Erstes Baujahr	2000

Hirrs-tt 325 — Schiebewandwagen

Die Hirrs-tt 325 entstanden durch Umbau der Schiebewandwagen Hbills 295. Je zwei fest gekuppelte Wagen bilden eine Einheit (Hirrs-tt 325, 42 80 292 1 373-6).

Um beim Gütertransport konkurrenzfähig zu bleiben, beschaffte die DB ab 1997 die Schiebewandwagen der Bauart Hbis-tt 293.

Entwicklung. 1997 hatte die DB zahlreiche Wagen der Bauart Hbills 297 im Bestand, die nicht mehr benötigt wurden. Weil sie sich aber noch in brauchbarem Zustand befanden, dienten sie als Spenderwagen für die Hbis-tt 293.

2003 kuppelte die DB einen Großteil der Fahrzeuge zu im Betrieb nicht lösbaren Doppeleinheiten zusammen und bezeichnete sie als Hirrs-tt 325.

Wagenbau. Die Laufwerke wurden unverändert von den Spenderwagen übernommen.

Die Bremse der Bauart KE-GP-A hat eine automatische Lastabbremsung mit einem Doppelbremszylinder und einfachen Bremsklötzen.

Das Untergestell setzt sich aus verstärkten Außenlangträgern zusammen, die durch Quer- und Pufferträger miteinander verbunden sind.

Die beiden Stirnwände des Wagenkastens sind durch zwei Obergurte verbunden. Die Seitenwände bestehen aus zwei gleichartigen Schiebewandelementen in Leichtbauweise mit Planenabdeckung. Zum Öffnen wird eine Hälfte über das geschlossene Wandteil geschoben. Die Wandteile laufen unten auf Rollen und werden oben in Schienen geführt. Labyrinthdichtungen verhindern das Eindringen von Schmutz und Feuchtigkeit.

TECHNISCHE DATEN	
Länge über Puffer	28.440 mm
Achsstand	2 x 9.000 mm
Ladelänge	2 x 12.776 mm
Laderaum	2 x 100,5 m³
Lastgrenze CS	50.000 kg
Eigenmasse (Mittelwert)	32.000 kg
Höchstgeschwindigkeit (unbeladen)	120 km/h
Bremse	KE-GP-A
Erstes Baujahr	2003

Die vierteiligen, geschlossenen Autotransportwagen der Bauart Hcceerrs 330 entstanden in Zusammenarbeit zwischen Railion und Daimler-Chrysler (45 80 291 4 006-9 P).

Ab 2003 stellte die Deutsche Bahn die viergliedrigen Autotransportwagen der Bauart Hcceerrs 330 in Dienst. Sie entstanden auf Anfrage von Daimler-Chrysler, die in diesen Wagen ihre hochwertigen Mercedes-Modelle transportieren.

Entwicklung. Die Wagen sind für den Ganzzug-Einsatz konzipiert. Wegen ihres Umgrenzungsprofils G2 können sie nicht international eingesetzt werden.

Wagenbau. Das achtachsige Laufwerk hat Parabelfedern mit Doppelschaken.

Die beiden getrennten Bremsanlagen KE-GP mit je zwei Bremszylindern sind um eine Feststellbremse ergänzt.

An den Enden haben die Wagen normale Kupplungen und Puffer. Zwischen den Gliedern wurden kurze Pufferstößel und Reibplatten montiert.

Der Wagenkasten setzt sich aus dem Untergestell, den Tragsäulen und der oberen Ladeebene zusammen. Die Wände sind mit Wellblech verkleidet. Seitliche Türen ermöglichen den Zugang.

Die Übergänge zwischen den Wagen sind mit Wellenbalgen verschlossen. Im Innern führen bewegliche Überfahrbrücken über die Kupplungen.

Das Hubdach besteht aus Aluminium-Strangpressprofilen. Es kann um 400 mm angehoben werden und gibt so Lüftungsöffnungen frei. Die Stirnwände sind als vier flügelige Ladetore ausgebildet, durch die die PKW über Rampen ein- und ausfahren können.

TECHNISCHE DATEN		
Länge über Puffer		54.000 mm
Achsstand		4 x 9.000 mm
Ladelänge	oben	52.500 mm
	unten	52.680 mm
Ladebreite	oben	2.738 mm
	unten	2 810 mm
Lastgrenze CS		48.000 kg
Eigenmasse (Mittelwert)		65.000 kg
Höchstgeschwindigkeit (unbeladen)		120 km/h
Bremse		2 x KE-GP
Erstes Baujahr		2002

Die vierachsigen Schiebewandwagen der Bauart Habbiks 340 wurden bereits 1973 von der Adam Opel AG beschafft und erst 2001 von der DB Cargo übernommen (81 80 277 5 002-0).

Am 1. Janaur 2001 übernahm die DB Cargo 215 vierachsige Schiebewandwagen von der Adam Opel AG und reihte sie als Habbiks 340 in ihren Bestand ein.

Entwicklung. Die 28 Jahre alten Wagen gingen zwar in den Besitz der DB über, die damit für ihre Instandhaltung zu sorgen hat, der Einsatz im Opel-Verkehr blieb aber unverändert.

Wagenbau. Um eine möglichst geringe Fußbodenhöhe zu erzielen, wurden besonders flache Drehgestelle der Bauart 701 ausgewählt. Die zweistufigen Parabelfederpakete sind überkopf eingebaut und über einfache Schaken mit dem Rahmen verbunden.

Eine Druckluftbremse der Bauart KE-GP mit einfachen Bremsklötzen und eine Feststellbremse sorgen für den sicheren Betrieb der Wagen.

Das geschweißte Untergestell besteht aus gekanteten Profilen schließt oben mit einem hölzernen Fußboden ab, in den Aufnahmen für Palettenfüße integriert sind. An einer Stirnseite ist das Untergestell um eine Übergangsbühne ergänzt. Die Stirnwände, die Mittelportale und das Dach sind zum Wagenkasten zusammen geschweißt.

Von den drei Schiebewandsegmenten einer jeden Längsseite ist jeweils das Mittlere nur halb so groß ist wie die beiden Äußeren. Sie sind in Laufschienen am Obergurt des Kastens aufgehängt. Die Betätigungsgriffe der Wandsegmente sind an den Mittelportalen zu finden.

Zum Öffnen wird ein Wandsegment aus der Ebene der geschlossenen Segmente heraus gehoben und über die geschlossenen Segmente geschoben.

TECHNISCHE DATEN	
Länge über Puffer	25.270 mm
Achsstand	21.100 mm
Ladelänge	22.460 mm
Laderaum	195 m³
Lastgrenze CS	25.000 kg
Eigenmasse (Mittelwert)	20.500 kg
Höchstgeschwindigkeit (unbeladen)	120 km/h
Bremse	KE-GP
Erstes Baujahr	1973

Die Hbbiins 344 von Railion entsprechen in ihrer Grundkonstruktion den großräumigen Schiebewandwagen, die auch viele private Einsteller im Bestand haben.

Um ihren Kunden auch großräumige Schiebenwandwagen zur Verfügung stellen zu können, beschaffte Railion ab 2004 die hier vorgestellten Wagen der Bauart Habbiins 344.

Entwicklung. Sie lehnen sich in ihrer Konstruktion an die 1987 gebauten Wagen der Bauarten 345 und 346 sowie an viele Privatwagen dieses Typs an.

Wagenbau. Die geschweißten Drehgestelle entsprechen mit den rollengelagerten Radsätzen und den Schraubenfedern weitgehend der Bauart Y 25 Lsd.

Die Bremse der Bauart KE-GP-A hat eine automatische Lastabremsung und einem Bremszylinder mit einfachen Bremsklötzen.

Die beiden Außenlangträger des geschweißten Untergestells sind in der Mitte durch Fischbäuche verstärkt. Kopfstücke und Querträger verbinden die Langträger zu einem stabilen Rahmen.

Die Stirnwände, ein Mittelportal und das Dach bilden den festen Wagenkasten. Die geschlossenen Seitenwandsegmente aus Aluminium liegen in einer Ebene mit dem Mittelportal. Zum Öffnen wird ein Segment nach außen geschwenkt und über das geschlossene Segment geschoben. Sicherungen verhindern ein selbsttätiges Verschieben der Segmente. Der Öffnungsmechanismus der Wände kann zolltechnisch verriegelt werden.

Der Fußboden besteht aus Sperrholzplatten, in die Lochleisten für Sicherungskeile eingelassen sind. Diese Keile werden für die Beförderung von Papierrollen benötigt.

TECHNISCHE DATEN	
Länge über Puffer	23.900 mm
Achsstand	20.160 mm
Ladelänge	22.640 mm
Laderaum	170 m³
Lastgrenze DS	63.000 kg
Eigenmasse (Mittelwert)	27.000 kg
Höchstgeschwindigkeit (unbeladen)	120 km/h
Bremse	KE-GP-A
Erstes Baujahr	2004

Während die Kbs 442 komplett aus neuen Teilen gerfertigt sind, wurden bei den Wagen der Bauart Kbs 443 auch brauchbare Teile aus alten Wagen verwendet (Kbs 443, 01 80 333 0 277-1).

Ab 1958 stellte die DB Neubau-Flachwagen der Bauart Kbs 442 in Dienst. Sie sollten die Vorkriegsbauarten dieses Wagentyps ablösen.

Entwicklung. Es zeigte sich jedoch, dass einzelne Bauteile der alten Wagen noch zu gebrauchen waren. Deshalb verwendete die DB diese Teile ein Jahr später beim Bau neuer Flachwagen. Sie wurden als Kbs 443 eingereiht, weichen in ihrer Konstruktion aber nur geringfügig von den Kbs 442 ab.

Wagen ohne Rungen wurden als Kls 442 und Kls 443 bezeichnet.

Beim Transport überlanger Güter auf Flachwagen dürfen die benachbarten Wagen bei Kurvenfahrten die seitliche Bewegungsfreiheit des Ladeguts nicht einschränken. Deshalb wurden bei einigen Kbs 442 die seitlichen Ladeklappen an den Enden abgebaut. Diese so genannten Schutzwagen erhielten die Bezeichnung Klps 444.

Wagenbau. Das überkritische Laufwerk verfügt über UIC-Rollenlagerradsätze und Blattfedern mit Doppelschaken.

Ein Sprengwerk verstärkt das aus Walzprofilen hergestellte Untergestell, das bei Wagen mit Feststellbremse um eine Bühne verlängert wurde.

Die stählernen Bordwände können abgeklappt werden. Die vier Stirnrungen bestehen aus I-Profilen, die 16 abnehmbaren Seitenrungen aus Pressblech.

TECHNISCHE DATEN	
Länge über Puffer	13.860/13.960* mm
Achsstand	8.000 mm
Ladelänge	12.500 mm
Ladefläche	34,6 m²
Lastgrenze CS	27.000 kg
Eigenmasse (Mittelwert)	11.500 bis 13.000* kg
Höchstgeschwindigkeit (unbeladen)	120 km/h
Bremse	KE-GP
Erstes Baujahr	1958
* mit Feststellbremse	

Stoßverzehrelemente mit hydraulischen Langhubstoßdämpfern zwischen den Pufferbohlen verhindern bei der Bauart Kijls 450 die Beschädigung des Ladeguts (41 80 338 4 001-2).

Für den Transport von großen, stoßempfindlichen Gütern beschaffte die Deutsche Bahn ab dem Jahr 2001 die hier vorgestellten zweiachsigen Planenwagen der Bauart Kijls 450.

Wagenbau. Für das Laufwerk wurden Glockenradsätze mit Rollenlagern, Parabelfedern und Doppelschakengehänge gewählt. Die Druckluftbremse der Bauart Knorr KE-GP-A hat eine selbsttätige, stufenlos und pneumatisch arbeitende Lastabbremsung. Etwa ein Fünftel aller Wagen ist mit einer Feststellbremse ausgestattet.

Das geschweißte Untergestell besteht aus Außen- und Mittellangträgern, die mit Querträgern zu einem Rahmen ergänzt werden. Die beiden Kopfstücke sind über einen gashydraulischen Langhubstoßdämpfer mit beweglichem Mittellangträger des Untergestells befestigt.

Die Stirnwände setzen sich aus einem Rahmenprofil zusammen. An die beiden festen Stirnwände des Wagenkastens schließt eine bewegliche Plane an. Am Innenrand des Rahmens der Stirnwände verläuft eine Gummidichtung, die verhindert, dass Feuchtigkeit oder Schmutz zwischen Stirnwand und Plane ins Wageninnere eindringen können.

Den Laderaum überspannt eine PVC-beschichtete Gewebeplane. Unten ist diese Plane mit kleinen Laufwagen verbunden, die ihrerseits in Schienen auf den Außenlangträgern laufen.

TECHNISCHE DATEN	
Länge über Puffer	16.500 mm
Achsstand	10.000 mm
Ladelänge	14.150 mm
Laderaum	109 m³
Lastgrenze DS	27.500 kg
Eigenmasse (Mittelwert)	17.200 kg
Höchstgeschwindigkeit (unbeladen)	120 km/h
Bremse	KE-GP-A
Erstes Baujahr	2001

Die sechsachsigen Samms-u 454 wurden von der Reichsbahn der DDR als militärische Reserve beschafft. Sie sind für noch größere Lasten als die Samms-u 453 vorgesehen (35 80 486 0 600-0 P).

Die tragfähigeren sechsachsigen Wagen der Bauart Samms-u 454 stellen die direkten Nachfolger der Bauart Samms-u 453 dar.

Entwicklung. Geliefert wurden die ab 1977 gebauten Wagen von UV Arad in Rumänien. Die DB AG übernahm 1994 noch ca. 1.600 Stück.
Für den Transport überbreiter Bleche wurden bei 60 dieser Wagen die klappbaren Seitenborde entfernt. Sie erhielten die Bezeichnung Salmms 454.

Für die Beförderung von ACTS-Behältern benötigte die DB 1998 passende Tragwagen. Beim Umbau nicht mehr benötigter Flachwagen der Bauart Samms-u 454 wurden dafür die Träger des Untergestells verstärkt, die Seitenwände abgebaut und Drehrahmen für die Behälter montiert. Die Wagen tragen die Bezeichnung Salmmps 704.

Wagenbau. Alle Fahrzeuge laufen auf zwei dreiachsigen Drehgestellen mit rollengelagerten Radsätzen, Blatttragfedern und einfachen Federlaschen.

Die Druckluftbreme der Bauart KE-GP mit dreistufiger Lastabbremsung wirkt mit ihren einfachen Bremsklötzen auf alle Radsätze. Sie wird durch eine Feststellbremse ergänzt.

An den Längsseiten sind sechs einzeln klappbare, 2.388 mm lange Bordwände aus Stahl montiert. Auch an den Stirnseiten sind bewegliche Bordwände vorhanden, die nach dem Abklappen eine durchgehende Überfahrbrücke zwischen zwei Wagen bilden. Die Wagen bleiben auch mit abgeklappten Seitenwänden innerhalb des Lichtraumprofils.

TECHNISCHE DATEN	
Länge über Puffer	15.740 mm
Achsstand	12.500 mm
Ladelänge	14.360 mm
Ladefläche	38,23 m²
Lastgrenze D4S	70.000 kg
Eigenmasse (Mittelwert)	28.500 kg
Höchstgeschwindigkeit (unbeladen)	100 km/h
Bremse	KE-GP
Erstes Baujahr	1977

Die Laekk(q)s 547 stellen eine Weiterentwicklung der Laekks 543 mit größerer Länge dar (25 80 435 4 496-9).

Die Laekk(q)s 547 unterscheiden sich von ihren Vorgängern durch eine durchgehende obere Ladeebene sowie eine größere Länge und die variable Höheneinstellung der oberen Ebene.

Entwicklung. Gebaut wurden die Wagen wie ihre Vorgänger bei Graaff in Elze. Die Lieferung der 1.052 Serienwagen begann 1970, nachdem schon im Jahre 1964 drei Prototypwagen vorausgegangen waren.

Wagenbau. Das dreiachsige Laufwerk besteht aus zwei Endlaufwerken und einem Mittellaufwerk. Letzteres verfügt über einen radial einstellbaren Radsatz. Für eine möglichst tiefe Ladeebene wurden Radsätze mit einem Durchmesser von 730 mm verwendet. Verbreiterte Führungsflansche kompensieren die veränderlichen Abstände der Achshalter des mittleren Radsatzes beim Bogenlauf. Das Untergestell besteht aus einem Sonderprofil von Hohllangträgern. An den offenen Enden sind schräg ansteigende Kopfstücke mit Pufferträgern montiert.

Vier senkrechte Stützen an jeder Wagenhälfte halten die oberen, an Seilen aufgehängten Ladeebenen in ihrer Position. Sie dienen auch als Führung, wenn diese herabgelassen werden. Beide Ladeebenen sind geschlossen, d. h. ohne Fahrmulden. An den Enden beider Ebenen sind schwenkbare Überfahrbrücken montiert.

Für den Einsatz in Autoreisezügen im Urlaubsverkehr wurden 25 Wagen mit einer elektrischen Heizleitung ausgestattet und als Laekkqs 547 bezeichnet.

TECHNISCHE DATEN		
Länge über Puffer		26.240 mm
Achsstand		2 x 9.000 mm
Ladelänge	oben	25.730 mm
	unten	25.430 mm
Ladehöhe	oben	1.950 mm
	unten	2.050 mm
Lastgrenze CS		20.000 kg
Eigenmasse (Mittelwert)		26.000 kg
Höchstgeschwindigkeit (unbeladen)		120 km/h
Bremse		KE-GP-A
Erstes Baujahr		1964

Die Laekks 551 erhielten analog zu den Laekks 547 durchgehende obere Ladeebenen, die als Ganzes abgesenkt werden können (25 80 425 5 325-9 P).

1967 änderte VW seine Transporter. Das neue Modell war so hoch, dass es nicht mehr auf die vorhandenen Autotransportwagen verladen werden konnte. Deshalb entschloss sich die DB zum Umbau ihrer Laekks 543.

Entwicklung. Der Umbau umfasste u. a. die Erneuerung der oberen Ladeebene. Die Konstrukteure wählten eine geschlossene Ladeebene, die analog den Laekkqs 543 als Ganzes waagerecht verschoben werden kann. Weil diese Ladeebenen an den Enden aufgehängt sind, konnten auf die Mittelstützen der Spenderwagen abgebaut werden.

Wagenbau. Das dreiachsige Laufwerk hat rollengelagerte Vollräder und Blattfedern mit negativer Sprengung.

Über dem mittleren Radsatz sind die beiden Wagenhälften durch eine Kugelgelenkkupplung verbunden.

Die Druckluftbremse Bauart Knorr KE-GP mit manuell umzustellender, zweistufiger Lastabbremsung wird durch eine Feststellbremse ergänzt.

Der Langträger aus Hutprofilen ist so konstruiert, dass die Radscheiben und die Federung in den Träger hineinragen.

Die obere Ladeebene hat 90 mm tiefe Radmulden, so dass dort auch höhere Autos transportiert werden können.

Bewegliche Überfahrbrücken ermöglichen das Überqueren des mittleren Gelenks. Diese Brücken stellen auch die Verbindung zu den Nachbarfahrzeugen her. Zum Festlegen der Pkw sind zehn Satz Radvorleger zu je vier Stück vorhanden.

TECHNISCHE DATEN		
Länge über Puffer		23.800 mm
Achsstand		2 x 8.000 mm
Ladelänge	oben	23.400 mm
	unten	22.990 mm
Ladehöhe	oben	1.950 mm
	unten	2.020 mm
Lastgrenze CS		20.000 kg
Eigenmasse (Mittelwert)		24.300 kg
Höchstgeschwindigkeit (unbeladen)		120 km/h
Bremse		KE-GP
Erstes Baujahr		1967

Nach zwei Prototypen im Jahr 1980 begann 1986 der Bau der Serienwagen. Der Wagen mit der Nummer 25 80 436 7 643-0 P ist als Privatwagen bei der DB eingestellt.

Während die Vorgängerbauarten der doppelstöckigen Autotransportwagen auch für den Transport von Kleinbussen geeignet sind, können auf den Laaeks 553 nur Pkw befördert werden.

Entwicklung. Die ersten beiden Wagen dieser Bauart entstanden bereits 1980. Nachdem der Serienbau entschieden war, entstanden insgesamt 2.150 Fahrzeuge. An ihrer Herstellung beteiligten sich mehrere Waggonbaufirmen.

Wagenbau. Mit den Laaeks 553 beschaffte die DB erstmals Autotransportwagen mit vier Radsätzen. Die rollengelagerten Radsätze sind über Trapezfederpakete und Doppelschaken mit dem Untergestell verbunden.

Die Knorr-Druckluftbremse der Bauart KE-GP besitzt für jede Wagenhälfte einen eigenen Bremszylinder. Die Feststellbremse wird über ein seitliches Handrad bedient.

Das Untergestell bildet die untere Ladeebene und setzt sich aus Wulstflachprofilen zusammen.

Die obere, durchgehende Ladeebene ist aus Blech hergestellt. Sie wird durch vier senkrechte Säulen geführt und kann über Handkurbeln verschoben werden. An den Wagenenden sowie am Übergang zwischen den Wagenhälften sind oben und unten bewegliche Überfahrbrücken vorhanden. An den Enden können sie abgeklappt werden, in der Mitte liegen sie immer auf den Fahrbahnen auf. Zur Sicherung der Pkw gegen ein Wegrollen sind 56 Einschienenradvorleger vorhanden.

TECHNISCHE DATEN		
Länge über Puffer		27.000 mm
Achsstand		2 x 9.000 mm
Ladelänge	oben	26.500 mm
	unten	26.100 mm
Ladehöhe	oben	1.930 mm
	unten	1.750 mm
Lastgrenze CS		18.500 kg
Eigenmasse (Mittelwert)		26.500 kg
Höchstgeschwindigkeit (unbeladen)		120 km/h
Bremse		KE-GP
Erstes Baujahr		1998

Die zweiteiligen Laaers 558 wurden als Einzelwagen von der Reichsbahn der DDR übernommen und von der DB zu Doppeleinheiten kurzgekuppelt (25 80 435 3 137-7 P).

Die DR der DDR beschaffte ab 1986 eine letzte Serie zweiachsiger Autotransportwagen. Die Wagen gelangten 1994 zur DB AG, entsprachen aber nicht mehr den aktuellen Anforderungen.

Entwicklung. Weil die Grundsubstanz der Fahrzeuge gut erhalten war, entschloss sich die DB zum Umbau. Dabei wurden immer zwei Wagen zu einer Doppeleinheit zusammengekuppelt. Zudem wurde ein Ende der ursprünglich waagerecht als Ganzes absenkbaren oberen Ladeebene festgelegt, so dass sie nur noch geneigt abgesenkt werden kann.

Wagenbau. Die Laufwerke der Ursprungswagen mit Zylinderrollenlagern, Blattfederpaketen und Doppelschaken blieben unverändert. Deshalb läuft jede Einheit auf vier Radsätzen.

Jede Hälfte verfügt über eine eigene Druckluftbremse der Bauart KE-GP, deren Bremszylinder die einfachen Bremsklötze bewegt. Die Hälfte der Wagen hat eine Feststellbremse, von der unteren Ladeebene aus bedienbar.

Obwohl die Kupplung zwischen den Hälften im Betrieb unlösbar ist, blieben die normalen Ringfederpuffer erhalten. An den Wagenden sind nomale Schraubenkupplungen zu finden.

Die obere Ladeebene ist an vier Tragsäulen mit Haken aufgehängt. An der Stirnseite kann sie mit Hilfe einer Seilwinde abgeklappt werden und dient so als Laderampe.

Beide Ladeebenen verfügen stirnseitig über klappbare Überfahrbrücken.

TECHNISCHE DATEN		
Länge über Puffer		30.400 mm
Achsstand		2 x 9.000 mm
Ladelänge	oben	29.970 mm
	unten	29.500 mm
Ladehöhe	oben	1.720 mm
	unten	1.660 mm
Lastgrenze CS		30.000 kg
Eigenmasse (Mittelwert)		35.500 kg
Höchstgeschwindigkeit (unbeladen)		120 km/h
Bremse		KE-GP
Erstes Baujahr		1992

Wie die übrigen Laes 559 und viele andere moderne Güterwagen wurde auch der 25 80 429 3 403 P in Verkehrsrot abgeliefert.

Mit der Entwicklung der Lekks 559 Ende der 1990er-Jahre kehrte die DB wieder zu dreiachsigen Autotransportwagen mit Mittellaufwerk zurück.

Entwicklung. Gegenüber seinen Vorgängern glänzt der Wagen allerdings mit einer Vielzahl von Verbesserungen. So lässt sich die obere Ladeebene in zehn Transportstellungen arretieren und damit die obere und die untere Ladehöhe genau auf die beförderten Kraftfahrzeuge abstimmen.

Wagenbau. Bei den Endlaufwerken der dreiachsigen Fahrzeuge sind die rollengelagerten Radsätze mit Parabelfedern ausgestattet. Beim beweglichen Mittellaufwerk hingegen wurden Trapezfedern verwendet. Für den mittleren Radsatz wurden kleine Raddurchmesser gewählt, um eine möglichst tiefe untere Ladeebene zu erhalten.

Die Knorr-Druckluftbremse der Bauart KE-GP verfügt in jeder Wagenhälfte über einen eigenen Bremszylinder mit einem Durchmesser von 300 mm.

Das Untergestell bildet mit den Kopfträgern die untere Ladebene. Die beiden Hälften der oberen Ladeebene werden in je vier senkrechten, am Untergestell angeschweißten Stützen geführt und gelagert, wobei Diagonalstreben die Stützen an den Wagenenden stabilisieren.

Die geschlossenen Ladeebenen sind in Längsrichtung leicht gewölbt, damit das Wasser abfließen kann. In den unteren Ladeebenen sind vier abdeckbare Lademulden angeordnet.

TECHNISCHE DATEN		
Länge über Puffer		27.000 mm
Achsstand		2 x 10.000 mm
Ladelänge	oben	26.640 mm
	unten	26.160 mm
Ladehöhe	oben	max. 2.302 mm
	unten	max. 2.050 mm
Lastgrenze CS		20.000 kg
Eigenmasse (Mittelwert)		28.200 kg
Höchstgeschwindigkeit (unbeladen)		120 km/h
Bremse		KE-GP
Erstes Baujahr		2000

Schiebewandwagen der Bauarten Hbis 297 und 299 dienen als Grundlage der Lgs 580 (21 80 442 7 393-4).

Ende der 1990er-Jahre benötigte die DB neue Wagen für den Transport von Containern. Die Lgs 580 und Lgns 581 entstanden durch den Umbau der Schiebewandwagen Hbis 297 und Hbis 299.

Entwicklung. Dabei wurde der komplette Aufbau der Spenderwagen samt Fußboden entfernt. Am Untergestell sind jetzt klappbare Halteeinrichtungen für Container montiert.

Die hier vorgestellten Wagen waren nicht die ersten Umbau-Tragwagen. Bereits Mitte der 1990er-Jahre hatte das Werk Zwickau 230 abgestellte Wagen der Bauart Lgs 575 zum Weiterbetrieb aufgearbeitet und als Lgs 590 bezeichnet.

Parallel zu diesen Umbauten lief die Entwicklung neuer Tragwagen. So lieferte die Waggonbau Dessau 1993 unter der Bezeichnung Lgjss 572 vier Prototypen neuer Tragwagen. Ihnen folgten 1997 zwölf Wagen der Bauart Lgns 570, die auch als Mittelwagen der „CargoSprinter“ dienten.

Neben der Waggonbau Dessau lieferte auch die Waggonfabrik Talbot Prototypen neuer Tragwagen. Die insgesamt zehn recht unterschiedlichen Wagen sind in der Bauart Lgns 578 zusammengefasst.

Wagenbau. Das Fahrwerk der Lgs 580 verfügt über rollengelagerte Radsätze mit Blatttragfedern und Doppelschaken.

Die Knorr-Druckluftbremse weist einen automatischen Lastwechsel, einen Doppelbremszylinder und einfache Bremsklötze auf. Die Rahmenkonstruktion des Untergestells besteht aus Walz- und Abkantprofilen. Sie ist mit einem gelochten Sprengwerk verstärkt.

TECHNISCHE DATEN	
Länge über Puffer	14.020 mm
Achsstand	8.000 mm
Ladelänge	12.500 mm
Lastgrenze CS	27.500 kg
Eigenmasse (Mittelwert)	12.500 kg
Höchstgeschwindigkeit (unbeladen)	120 km/h
Bremse	KE-GP-A
Erstes Baujahr	1999

Die Pufferträger an den Enden des durchgehend tief angeordneten Untergestells sind höhenverstellbar, so dass die Wagen in normale Züge eingestellt werden können (21 70 991 3 908-9).

Um auch zweiachsige Fahrzeuge mit großer Tiefladelänge anbieten zu können, beschaffte die DB 1968 und 1971 die Wagen der Bauart Uiks 635.

Entwicklung. Die Tiefladewagen entstanden in Zusammenarbeit zwischen dem BZA Minden und Talbot in Aachen. Nach den vier Prototypen von 1968 folgten drei Jahre später 24 Wagen, die alle bei Talbot gefertigt wurden.

Die Wagen der Bauart Uiks 635 werden durch die Wagen der Bauart Uis 632 ergänzt, die zwischen 1976 und 1984 gebaut wurden. Sie unterscheiden sich von den Uiks 635 vor allem durch die abgesenkten Langträger und die normalhohen Wagenenden.

Wagenbau. Die besonders kleinen, rollengelagerten Radsätze der Uiks 635 sind oberflächenvergütet und für eine Radsatzlast von 20.000 kg zugelassen. Schraubenzusatzfedern ermöglichen einen einwandfreien Lauf.

Die Druckluft-Klotzbremse ist mit einer automatischen Lastabbremsung ausgestattet. Auf eine Feststellbremse wurde verzichtet. Das vollständig geschweißte Untergestell besteht aus Walzprofilen. Die beiden Langträger sind über den Radsätzen durch ausgesteifte Plattformen miteinander verbunden. Im Tiefladebereich befinden sich vier gekröpfte Querträger, von denen die äußeren drehbar gelagert sind. Die Kopfstücke mit den Zug- und Stoßvorrichtungen sind höhenverstellbar. Über Drehschemel kann langes Ladegut auf zwei Wagen transportiert werden.

TECHNISCHE DATEN	
Länge über Puffer	15.590/15.760* mm
Achsstand	9.000 mm
Ladelänge	12.550/14.950* mm
Tiefladelänge	7.450 mm
Tiefladehöhe	805/400 mm
Ladebreite	2.650 mm
Lastgrenze CS	19.000 kg
Eigenmasse (Mittelwert)	12.800 kg
Höchstgeschwindigkeit	100 km/h
Bremse	KE-GP-A
Erstes Baujahr	1968

Die Rungenwagen dienen u. a. zum Transport von Profilstählen, Rohren und Holz. (81 80 350 7 001-6)

Die von ADtranz entwickelten Flachwagen der Bauart Rbns 641 dienen überwiegend zum Transport schwerer und langer Stückgüter.

Entwicklung. Die in Leichtbauweise hergestellten Wagen wurden erstmals im September 1997 der Öffentlichkeit vorgestellt. Die DB beschaffte zunächst 150 dieser Wagen.

Der vierachsige Flachwagen der Bauart Rns-z 643 stellt eine kürzere Variante des Rbns 641 dar. Er kann wegen seiner geringeren Masse bei gleicher Radsatzlast mit schwereren Gütern beladen werden als die lange Variante Rbns 641.

Beide Bauarten dienen bevorzugt zum Transport witterungsunempfindlicher Güter wie Stahlprofilen, Rohren, Betonteilen und Holz.

Wagenbau. Die Wagen laufen auf Drehgestellen der Bauart 629 mit Wiegenventil. Der H-förmige Rahmen mit Kopfstücken besteht aus Stahl und ist mit rollengelagerten Glockenradsätzen bestückt. Die Federung erfolgt durch Schraubenfedern. Die mit automatischer Lastabbremsung ausgestattete Bremse verfügt über einen Bremszylinder mit Steuerventil.

Das Untergestell setzt sich aus Fischbauch-Langträgern zusammen, die mit Querträgern aus aus U-Profilen verbunden sind. Über den Kopfstücken mit den Kupplungsträgern an den Wagenenden befinden sich klappbare Stirnborde. An den Seiten sind zwölf Paar Drehrungen montiert. Mit Hilfe der zehn Spanngurte und 24 Bindeösen kann das Ladegut gesichert werden.

TECHNISCHE DATEN	
Länge über Puffer	26.350 mm
Achsstand	21.850 mm
Ladelänge	25.008 mm
Ladebreite	2.610 mm
Ladefläche	65,3 m²
Lastgrenze DS	63.000 kg
Eigenmasse (Mittelwert)	27.000 kg
Höchstgeschwindigkeit (unbeladen)	120 km/h
Bremse	KE-GP-A
Erstes Baujahr	1997

Die Wagen der Bauart Roos-t 645 entsprechen in ihrem Aufbau den Roos-t 642. Sie sind keine Neuentwicklung, sondern wurden aus Flachwagen der Bauart Res 678 umgebaut (31 80 352 5 791-0).

Weil der Bedarf an Holztransportwagen mit den Roos 639 und den Roos-t 642 nicht gedeckt werden konnte, beschaffte die DB AG die Roos-t 645.

Entwicklung. Bei dieser Bauart handelt es sich nicht um Neubauwagen, denn das Untergestell und das Laufwerk stammen von DR-Flachwagen der Bauart Res 678. Hersteller war das DB-Werk in Eberswalde. Zunächst entstand 1994 ein Prototyp. Ihm folgte ein Jahr später eine Serie von 150 Wagen.

Der Prototyp wurde 1996 in einen Roos-t 642 umgebaut. Für den Serienbau der Roos-t 642, der ebenfalls im Werk Eberswalde stattfand, wurden keine neuen Materialien verwendet. Die 100 Serienwagen entstanden durch Umbau vorhandener Flachwagen der Bauart Rs 671. Sie erhielten hohe Stirnwände und neue Rungen.

Wagenbau. Wie die Spenderwagen laufen auch die Roos-t 645 auf Drehgestellen der Bauart Y 25 Rs. Sie sind gegenüber der Bauart Cs verstärkt ausgeführt und können so höhere Lasten aufnehmen. Die KE-GP-Druckluftbremse mit einfachen Bremsklötzen stammt von den Ursprungswagen.

Das Untergestell ist als stählerne Schweißkonstruktion gefertigt. Die Fischbauch-Langträger liefern die nötige Stabilität. An den Stirnseiten sind feste, stählerne Bordwände vorhanden.

Die 16 Paar Steckrungen der Bauart „ExTe" können in 26 Rungentaschen je Seite eingesteckt werden. Zur Aufnahme des Ladeguts dienen Querschwellen von denen sechs versetzt werden können.

TECHNISCHE DATEN	
Länge über Puffer	19.900 mm
Achsstand	16.660 mm
Ladelänge	18.400 mm
Ladebreite	2.650 mm
Ladefläche	48,6 m^2
Lastgrenze CS	55.000 kg
Eigenmasse (Mittelwert)	25.000 kg
Höchstgeschwindigkeit (unbeladen)	120 km/h
Bremse	KE-GP
Erstes Baujahr	2000

Ist die verschiebbare Plane geöffnet, gibt sie etwa zwei Drittel der Grundfläche des Wagens als Ladefläche frei. So können die Rilns 654 auch durch Hebezeuge be- und entladen werden (31 80 354 6 557-0).

Um größere witterungsempfindliche Güter schnell und kostengünstig verladen und transportieren zu können, beschaffte die DB ab 1993 die Neubau-Planenwagen Bauart Rilns 654.

Entwicklung. Zunächst ließ sie ab 1988 offene Wagen der Bauart Res 687 in Planenhaubenwagen Rils 652 umbauen. Den beiden Prototypen folgten mehrere Serien von verschiedenen Waggonherstellern.
1993 ließ auch die DR Planenwagen aus offenen Flachwagen umbauen. Sie wurden nach 1994 von der DB als Rils 653 bezeichnet.

Weil die vorhandenen Fahrzeuge der Bauarten 652 bis 654 den Bedarf an Planenwagen nicht decken konnten, beschaffte die DB ab 1997 mit den Rins 655 weitere Wagen dieser Bauart. 2004 wurden 30 Rilns 654 mit einem Transportgerüst für Drahtrollen ausgestattet und die Wagen in Rils-y 649 umgezeichnet.

Wagenbau. Die Rils 654 laufen auf Drehgestellen der Bauart Y 25 Lsd 1 mit Schraubenfedern. Die Bremse verfügt über eine stufenlose pneumatische Lastabbremsung. Das Planendach kann mit Hilfe einer 4-Punkt-Zentralverriegelung bedient und manuell verschoben werden. Zwei feste Stirnwände begrenzen den Laderaum an den Wagenenden. Ein Wagen wurde mit einer hydraulischen Planenbetätigung ausgestattet. An den Innenseiten der Stirnwände und am Wagenboden befinden sich Zurrösen.

TECHNISCHE DATEN	
Länge über Puffer	20.000 mm
Achsstand	16.660 mm
Ladelänge	18.510 mm
Ladebreite	2.710 mm
Ladefläche	49,2 m^2
Lastgrenze DS	64.500 kg
Eigenmasse (Mittelwert)	25.300 kg
Höchstgeschwindigkeit (unbeladen)	120 km/h
Bremse	KE-GP-A
Erstes Baujahr	1993

Bei der DB werden die Rmms 662 überwiegend zur Beförderung schwerer Halbfertigwaren der Stahlindustrie eingesetzt (31 80 396 3 208-8).

Die kurzen Flachwagen der Bauart Rmms 662 wurden von der DR der DDR Anfang der 1980er-Jahre zum Transport militärischer Geräte und besonders schwerer Güter in Dienst gestellt.

Entwicklung. Die Wagen hatten ursprünglich Bordwände, so dass sie auch zum Transport von Schüttgütern herangezogen werden konnten.

Ende der 1980er-Jahre waren die DB-Flachwagen der Bauart Rlmmp 700 am Ende ihrer geplanten Nutzungszeit angekommen. Weil die Wagen aber noch gebraucht wurden, ließ die DB sie 1988 zu Rlmmps 651 umbauen und ergänzte damit den Bestand der Rmms 662.

Das AW Saarbrücken rüstete 653 Rlmmps 651 mit neuen Drehgestellen und neuer Bremse aus, so dass die Höchstgeschwindigkeit von 90 km/h auf 100 km/h angehoben werden konnte. Außerdem wurden die Ladeschwellen entfernt und die Öffnungen für die Steckrungen verschlossen.

Wagenbau. Trotz der hohen Lastgrenzen laufen die Rmms 662 nur auf zweiachsigen Drehgestellen. Die Wahl fiel auf die Bauart Y 25 Cs 2 (865).

Die Schweißkonstruktion des Untergestells setzt sich aus Walz- und Abkantprofilen zusammen. Ihre Außenlangträger sind fischbauchartig verstärkt. Die Pufferträger sind für den Einbau einer automatischen Kupplung vorbereitet. Der Wagenboden aus Nadelholzbohlen ist mit dem Untergestell verschraubt.

TECHNISCHE DATEN	
Länge über Puffer	12.540 mm
Achsstand	9.300 mm
Ladelänge	11.140 mm
Ladebreite	3.150* mm
Ladefläche	35 m²
Lastgrenze CS	61.000 kg
Eigenmasse (Mittelwert)	19.000 kg
Höchstgeschwindigkeit (unbeladen)	120 km/h
Bremse	KE-GP
Erstes Baujahr	1983

* ohne Rungen

Die Remms 665 entsprechen den Rmms 663, verfügen aber über Seitenwände. (11 80 364 8 501-6)

Die noch vor der letzten Bauserie der Bauart Rmms 663 in Dienst gestellten Remms 665 unterscheiden sich von diesen nur durch ihre Bordwände.

Entwicklung. Mit der Bauart Rmms 663 beschaffte die DB ab 1968 kurze vierachsige Flachwagen nach dem UIC-Standardtyp 2.

Im Jahre 1968 wurden zunächst 360 Wagen mit Feststellbremse beschafft. Knapp zehn Jahre später folgte eine weitere Bauserie mit kleinen Detailänderungen und ohne Feststellbremse.

Wagenbau. Für die zuerst gebauten Fahrzeuge wurden Drehgestelle der Bauart Minden-Siegen 661 mit Blattfedern und Rechteckschaken verwendet. Später gelangten Drehgestelle der Bauart Y Cs 25 mit Schraubenfedern zum Einbau.

Die Lastabbremsung der Druckluftbremse Bauart KE-GP ist manuell zu bedienen.

Die normalen Zug- und Stoßeinrichtungen können gegen eine automatische Kupplung ausgetauscht werden. Das Untergestell aus verschiedenen Stahlprofilen setzt sich aus den fischbauchartigen Innenlangträgern, den Außenlangträgern sowie den Quer- und Pufferträgern zusammen.

Der Fußboden aus Kiefernholzbohlen verfügt über sechs geteilte, klappbare Ladeschwellen. An den Längs- und Stirnseiten sind Rungen vorhanden, an deren Innenseiten eine umlaufende Bordwand aus Stahl montiert ist. Zurrösen, Seilhaken, Tritte und Griffe vervollständigen die Ausstattung der Wagen.

TECHNISCHE DATEN	
Länge über Puffer	14.040 mm
Achsstand	10.800 mm
Ladelänge	12.644 mm
Ladebreite	2.780 mm
Ladefläche	36 m^2
Lastgrenze CS	58.500 kg
Eigenmasse (Mittelwert)	21.450 kg
Höchstgeschwindigkeit (unbeladen)	120 km/h
Bremse	KE-GP
Erstes Baujahr	1976

Mehr als 60 Flachwagen der Bauart Res 687 wurden für die Beförderung von Drahtrollen mit einem speziellen Traggestell ausgestattet. Sie werden zur Unterscheidung als Rs-y 667 bezeichnet (31 80 391 1 745-8).

Gleichzeitig mit den geschlossenen Transportwagen für Drahtrollen der Bauart Rils-y 649 stellte die DB auch Wagen ohne Planen in Dienst.

Entwicklung. Die ab 2004 gebauten und als Bauart Rs-y 667 bezeichnten Flachwagen sind keine Neubaufahrzeuge, sondern entstanden aus den Flachwagen der Bauart Res 687. Sie waren von der DB bereits 1979 in Dienst gestellt worden.

Wagenbau. Die Wagen haben Drehgestelle der Bauart Y 25 Cs mit geschweißtem H-Rahmen, rollengelagerten Radsätzen und Schraubenfederung.

Bei der KE-GP-Druckluftbremse mit zweistufiger, mechanischer und manuell umzustellender Lastabbremsung überträgt ein Bremszylinder seine Kraft auf einfache Bremsklötze. Ein Teil der Wagen verfügt über eine bodenbedienbare Feststellbremse. Die normalen Schraubenkupplungen und Zughaken können gegen eine automatische Mittelpufferkupplung ausgetauscht werden.

Das geschweißte Untergestell setzt sich aus einem Fischbauch-Innenlangträger, ebenen Außenlangträgern sowie Quer- und Pufferträgern zusammen.

Das Ladegestell besteht aus 13 mit Holz ausgekleideten Lademulden, die durch Zapfen auf dem Wagenboden fixiert sind. Die alten Drehrungen wurden durch neue Doppelrungen ersetzt. Sie sitzen auf Führungsschlitten, so dass sie je nach Breite des Ladeguts in Querrichtung verschoben werden können. Die Doppelrungen sind so hoch, dass zwei Drahtrollen übereinander befördert werden können.

TECHNISCHE DATEN	
Länge über Puffer	19.900 mm
Achsstand	16.660 mm
Rollendurchmesser	1.100 bis 1.250 mm
Rollenbreite	max. 2.000 mm
Lastgrenze CS	53.000 kg
Eigenmasse (Mittelwert)	26.700 kg
Höchstgeschwindigkeit (unbeladen)	120 km/h
Bremse	KE-GP
Erstes Baujahr	2004

Bei den Rgs-w 672 blieben die Aufsetzzapfen für Container auch nach der Übernahme durch die DB erhalten (31 80 356 0 285-9).

1976 lieferte die Waggonfabrik UV Arad in Rumänien für den Containertransport die Flachwagen der Bauart Rgs-w 672 an die Reichsbahn der DDR aus.

Entwicklung. Ab 1991 wurden zusätzliche Befestigungen für den Transport von Wechselbehältern eingebaut.

Auch nach ihrer Übernahme durch die Deutsche Bahn AG im Jahr 1994 wurden die Wagen weiterhin in diesem Dienst eingesetzt.

1976 hatte die DR der DDR die von der UV Arad gelieferten Rs 671 in ihren Bestand genommen. Zwischen 1991 und 1993 rüstete sie ca. 400 Wagen mit den für den Transport von Containern erforderlichen Aufsetzzapfen aus.

Wagenbau. Für die Wagen wurden Drehgestelle der Bauart Y Cs 25 verwendet. Der geschweißte H-Rahmen ist mit rollengelagerten Vollradsätzen, Schraubenfedern und Drehpfanne bestückt.

Die Knorr-Druckluftbremse der Bauart KE-GP verfügt über einen im Untergestell untergebrachten Bremszylinder, der seine Kraft über ein Bremsgestänge auf die einfachen Bremsklötze überträgt. Die Feststellbremse wird über ein Handrad bedient.

Die Zugapparate haben Gummi-Schichtfedern und sind mit normalen Schraubenkupplungen bestückt. Sie können gegen eine automatische Kupplung getauscht werden.

Das Untergestell ist geschweißt und weist einen Fischbauch-Langträger auf. Die acht Paar Drehrungen sind mit Binderingen versehen. Der Fußboden besteht aus Holzbohlen.

TECHNISCHE DATEN	
Länge über Puffer	19.900 mm
Achsstand	16.660 mm
Ladelänge	18.500 mm
Ladebreite	2.740 mm
Ladefläche	50,7 m²
Lastgrenze CS	54.500 kg
Eigenmasse (Mittelwert)	25.200 kg
Höchstgeschwindigkeit (unbeladen)	120 km/h
Bremse	KE-GP
Erstes Baujahr	1976

Die Res 676 entsprechen den Res 675, weisen aber pro Längsseite neun Seitenwandsegmente auf (11 80 394 2 998-0).

1975 stellte die DR der DDR die ersten vierachsigen Flachwagen der Bauart Res 675 in Dienst. Lieferant war der französische Hersteller ANF Industrie.

Entwicklung. Die Wagen der Bauart Res 676 sind die direkten Nachfolger der Flachwagen Res 675. Die beiden Bauarten unterscheiden sich nur in wenigen Details voneinander.

Neben den im RAW Eberswalde gebauten Res 676 stellte die Reichsbahn ähnliche Wagen von Waggonbau Niesky in Dienst. Sie erhielten bei der DB die Bezeichnung Res 677.

Wagenbau. Die Wagen laufen auf Drehgestellen der Standardbauart Y 25 Cs. Der Laufkreisdurchmesser der rollengelagerten Radsätze beträgt 920 mm. Durch die selbstschmierenden Kunststoffeinlagen der Drehpfanne konnte auf eine Ölschmierung verzichtet werden.

Die abschaltbare Druckluftbremse verfügt über ein Steuerventil und einen Bremsgestängesteller. Die Feststellbremse ist bodenbedienbar.

Querträger sowie äußere und innere Langträger sind zum Untergestell zusammengeschweißt. An den Drehrungen der Außenlangträger stützen sich neunteilige Bordwände ab.

Die Stirnborde werden durch Fallrungen gehalten. Der hölzerne Wagenboden kann mit einer Radsatzlast von bis zu 50 kN befahren werden.

Im Boden angeordnete Halteringe sowie Zurrösen an den Drehrungen und den Außenlangträgern dienen zur Sicherung des Ladeguts gegen Verrutschen.

TECHNISCHE DATEN	
Länge über Puffer	19.900 mm
Achsstand	16.660 mm
Ladelänge	18.500 mm
Ladebreite	2.530 mm
Ladefläche	46,8 m²
Lastgrenze CS	55.500 kg
Eigenmasse (Mittelwert)	24.500 kg
Höchstgeschwindigkeit (unbeladen)	120 km/h
Bremse	KE-GP
Erstes Baujahr	1976

Die Rs 680 waren die ersten vierachsigen Flachwagen, die die DB in Dienst stellte. (11 80 390 3 087-9)

Die vierachsigen Flachwagen der Bauart SSlmas 53 wurden von der DB zum Transport langer und schwerer Erzeugnisse der Eisen- und Stahlindustrie Mitte der 1950er-Jahre neu entwickelt.

Entwicklung. Sie sind aber auch zum Transport von großen Stückgütern wie Holzstämmen, Straßen- und Kettenfahrzeugen im Einsatz. Außerdem wurden sie zur Beförderung von Containern verwendet, solange noch nicht genügend Spezialwagen zur Verfügung standen.

Zwischen Dezember 1992 und Mai 1993 ließ sie DB an 75 Wagen für den Transport überlanger Güter die Stirnborde entfernen. Diese Wagen werden als Rps 688 bezeichnet.

Wagenbau. Die Vierachser laufen auf zwei Drehgestellen der Bauart Minden-Dorstfeld 931. Der geschweißte Rahmen aus Stahlprofilen hat eine vollständige Drehpfanne, rollengelagerte Radsätze, Blattfedern und außerdem ein einfaches, langes Federschakengehänge.

Die Druckluftbremse der Bauart KE-GP arbeitet mit zweistufiger, manuell umschaltbarer Lastabbremsung und einem Bremszylinder. Ein Teil der Wagen ist mit einer Handbremse ausgestattet. Sie kann über eine Kurbel, die sich an der Stirnseite befindet, von einer Bremsbühne aus bedient werden.

Das ebene Rahmenwerk der Brücke setzt sich aus Lang-, Quer- und Pufferträgern zusammen. In der Mitte ist es mit einem räumlichen Sprengwerk ausgesteift.

TECHNISCHE DATEN	
Länge über Puffer	19.900/20.000* mm
Achsstand	15.000 mm
Ladelänge	18.500 mm
Ladebreite	2.780 mm
Ladefläche	51 m²
Lastgrenze CS	56.000 kg
Eigenmasse (Mittelwert)	24.000kg
Höchstgeschwindigkeit (unbeladen)	120 km/h
Bremse	KE-GP
Erstes Baujahr	1955

* mit Festellbremse

Sind die seitlichen Drehrungen abgeklappt, können die Wagen auch mit Gütern beladen werden, die die Ladebreite überschreiten (Rs 684, 11 80 390 7 607-0).

Die ab 1970 beschafften Rs 684 stellen die Nachfolger der Rs 683 dar und unterscheiden sich von ihnen durch Drehgestelle und selbsttätige Lastabbremsung.

Entwicklung. Ende der 1960er-Jahre stellte die DB mit den vierachsigen Flachwagen der Bauart Rs 683 die ersten Fahrzeuge in Dienst, die dem Typ 1 der UIC-Vorgaben entsprachen.

Steigende Zuggeschwindigkeiten erforderten Wagen, die bis 120 km/h schnell fahren konnten. Dafür war eine Bremse mit automatischer Lastabbremsung notwendig. Deshalb wurde die Bauart Rs 684 entwickelt. Sie entspricht der Bauart Rs 683, allerdings mit anderen Drehgestellen und einer automatischen Lastabbremsung.

Während des Baus der Rs 684 konnte auf Grund neuer Bauvorgaben die Konstruktion der Wagen modernisiert und damit Gewicht eingespart werden. Diese Wagen mit der Bezeichnung Rs 685 haben Dank ihres geringeren Eigengewichts höhere Lastgrenzen.

Wagenbau. Die hier vorgestellten Flachwagen verfügen über Drehgestelle der Bauarten 627 oder 683 mit Schraubenfedern und rollengelagerten Radsätzen.

Die Bremse der Bauart KE-GP-A hat eine stufenlose, pneumatische Lastabbremsung und Doppelbremszylinder.

Das geschweißte Untergestell besteht aus fischbauchartigen Innenlangträgern, sowie Außenlang-, Quer- und Pufferträgern. Der Fußboden wird aus befahrbaren Holzbohlen gebildet und verfügt über acht geteilte Ladeschwellen.

TECHNISCHE DATEN	
Länge über Puffer	19.900 mm
Achsstand	16.660 mm
Ladelänge	18.500 mm
Ladebreite	2.774 mm
Ladefläche	51,3 m^2
Lastgrenze CS	56.000 kg
Eigenmasse (Mittelwert)	24.000kg
Höchstgeschwindigkeit (unbeladen)	120 km/h
Bremse	KE-GP-A
Erstes Baujahr	1970

Bei den Res 686 sind die Bordwände aus Aluminium gefertigt, bei den Res 687 wurde dafür Stahl verwendet (Res 686, 11 80 393 6 627-3).

Nach den Flachwagen der Bauart Res 686 stellte die DB ab dem Jahr 1979 die Nachfolger der Bauart Res 687 in Dienst.

Entwicklung. Die ab 1975 von der DB beschafften Res 686 stellen eine Gemeinschaftsentwicklung von MAN und den Jenbacher-Werken in Österreich dar.

Nach einem Prototypwagen entstanden bei Linke-Hofmann-Busch und der Maschinenfabrik Augsburg Nürnberg (MAN) eine Serie von 550 Wagen.

Einige Wagen haben erhöhte Stirnbordwände für die Beförderung palettierter Briketts und ähnlicher Güter.

Auch bei der Bauart Res 687 sind einige Wagen mit erhöhten Stirnbordwänden ausgestattet. Fahrzeuge mit automatischer Mittelpufferkupplung sind durch einen entsprechenden gelben Aufkleber gekennzeichnet.

Wagenbau. Die Wagen wurden bereits ab Werk mit Drehgestellen der Bauart Y 25 Cs geliefert.

Bei der KE-GP-Druckluftbremse wurde auf die automatische Lastabbremsung verzichtet. Ein Teil der Wagen verfügt über eine bodenbedienbare Feststellbremse.

Das Untergestell ist geschweißt und besteht aus einem Fischbauch-Innenlangträger, ebenen Außenlangträgern sowie Quer- und Pufferträgern.

Acht Drehrungen pro Wagenlängsseite halten die stählernen, klappbaren Borde in senkrechter Stellung. Die beiden Stirnborde werden durch Fallrungen gestützt. Sind die Borde abgeklappt, wird bei diesem Wagen das Lademaß überschritten.

TECHNISCHE DATEN	
Länge über Puffer	19.900 mm
Achsstand	16.660 mm
Ladelänge	18.500 mm
Ladebreite	2.650 mm
Ladefläche	49 m²
Lastgrenze CS	56.000 kg
Eigenmasse (Mittelwert)	23.400 kg
Höchstgeschwindigkeit (unbeladen)	120 km/h
Bremse	KE-GP
Erstes Baujahr	1979

Die Niederflurwagen der Bauart Saadkms 690 können nur in Ganzzügen eingesetzt werden. Auf der „rollenden Landstraße" gelangen LKW umweltfreundlich ans Ziel.

Für den Transport von Lkw auf der „rollenden Landstraße" beschaffte die DB ab 1979 bei Talbot eine Serie von 200 Niederflurwagen und reihte sie als Saadkms 690 in ihren Bestand ein.

Entwicklung. Die Fahrzeuge sind durchgehend als Niederflurwagen ausgeführt. Weil sie keine normalen Zug- und Stoßeinrichtungen haben, können sie nur in Ganzzügen eingesetzt werden.

Um eine Verbindung zu Fahrzeugen mit Normalkupplungen herstellen zu können, haben die Endwagen einen abnehmbaren Kopfträger mit Seitenpuffern und Schraubenkupplungen in der erforderlichen Höhe. Untereinander sind die Wagen über eine kurze Schraubenkupplung und kurze Puffer verbunden, die überfahren werden können.

Wagenbau. Um einen durchgehenden Niederflurbereich zu erhalten, laufen die Saadkms 690 auf vierachsigen Spezialdrehgestellen mit extrem kleinen Radsätzen und Gummirollfedern. Aus Platzgründen musste auf Scheibenbremsen mit stufenloser, penumatischer Lastabbremsung zurückgegriffen werden. Die Feststellbremse kann mit einem Handrad an der Längsseite bedient werden.

Die geschlossene Ladefläche hängt wannenförmig zwischen den hohen Außenlangträgern. Über den Radsätzen sind Kontrollklappen angeordnet. Die aufgefahrenen Lastwagen werden mit acht Radvorlegern je Wagen gesichert.

TECHNISCHE DATEN	
Länge über Kupplung	19.390 mm
Länge mit Kopfstücken	20.200 mm
Achsstand	15.700 mm
Ladelänge	18.600 mm
Ladebreite	2.500 mm
Lastgrenze C	42.000 kg
Eigenmasse (Mittelwert)	17.150 kg
Höchstgeschwindigkeit	100 km/h
Bremse	KE-GP-A (D)
Erstes Baujahr	1979

Die Wagen der Bauart Sgns 691 wurden in Italien gebaut und 1996 von der DB übernommen.

Mitte der 1980er-Jahre konnten die Abmessungen von Wechselbehältern auf Grund von Neuerungen beim LKW-Bau von 7,15 m auf 7,82 m gesteigert werden. Um auch diese Behälter auf der Schiene befördern zu können, benötigte die Bahn neue Transportwagen.

Entwicklung. 1987 wurden die ersten zwei- und vierachsigen Prototypen in Dienst gestellt und getestet. Ein Serienbau unterblieb aber.

Erst 1994 beschaffte die Ahaus-Alstätter Eisenbahn (AAE) eine größere Serie dieser Wagen und reihte sie in ihren Fahrzeugpark ein.

Zu dieser Zeit hatte die DB ähnliche Wagen bei Ferret in Bergamo (Italien) bestellt, deren Auslieferung sich allerdings verzögerte. Deshalb mietete die DB 500 Transportwagen von der AAE an und reihte sie ab 1995 als Sgns 692 in ihren Wagenpark ein.

Ein Jahr später trafen die ersten Wagen aus Italien ein wurden von der DB als Sgns 691 bezeichnet.

Wagenbau. Beide Wagentypen laufen auf zweiachsigen Drehgestellen der Bauart Y 25 Lss mit H-förmigem Stahlrahmen, rollengelagerten Radsätzen und Schraubenfederung.

Während die Wagen der Bauart Sgns 692 eine Druckluftbremse der Bauart Charmilles haben, sind die Sgns 691 mit einer Konrr-Bremse bestückt. Beiden gemeinsam ist der G-P-Wechsel und die automatische Lastabbremsung. Das geschweißte Untergestell besteht aus zwei fischbauchartigen Außenlangträgern, die durch die Kopfstücke, die Hauptquerträger und Querstreben miteinander verbunden sind.

TECHNISCHE DATEN	
Länge über Puffer	19.740 mm
Achsstand	16.000 mm
Ladelänge	18.400 mm
Lastgrenze DS	70.000 kg
Eigenmasse (Mittelwert)	20.000 kg
Höchstgeschwindigkeit (unbeladen)	120 km/h
Bremse	KE-GP-A
Erstes Baujahr	1996

Mit den vierachsigen Tieflade-Tragwagen der Bauart Sgkkms 698 können auch „High-Cube"-Behälter befördert werden (31 80 452 3 218-4).

Die Tragwagen der Bauart Sgkkms 698 dienen zur Beförderung so genannter High-Cube-Wechselbehälter mit einer Innenhöhe von 3 m. Aber auch normale Container können auf die Wagen verladen werden.

Entwicklung. Die ersten Wagen erschienen 1998 auf den Gleisen der DB. 2006 waren 200 „s"-fähige Wagen (Höchstgeschwindigkeit beladen 100 km/h) und 140 „ss"-fähige Wagen (Höchstgeschwindigkeit beladen 120 km/h) im Bestand.

Wagenbau. Die Drehgestelle der hier vorgestellten Wagen sind keine Neubauten. Sie stammen von ausgemusterten Wagen der Bauart Sdgkms 707. Sie gehören zur Bauart 707 und entsprechen in ihrem Aufbau den französischen Drehgestellen der Bauart Y 31 Cs. Sie setzen sich aus einem geschweißten H-Rahmen mit Schraubenfedern, rollengelagerten Radsätzen und einer vollständigen Drehpfanne zusammen.

Die Wagen können Gleisbogenhalbmesser bis herunter auf 75 m befahren.

Die Bremsanlage der Bauart Knorr KE-GP-A verfügt über eine automatische Lastabbremsung. Vier Bremszylinder übertragen ihre Bremskraft auf die Bremsklötze. Die Schraubenkupplungen und Seitenpuffer der erhöhten Kopfträger ermöglichen das Kuppeln mit anderen Bauarten. Die Schweißkonstruktion des Untergestells besteht aus Baustahl und ist für die Beförderung von Containern und Wechselbehältern mit 16 zum Teil festen, teilweise klappbaren Aufsetzzapfen ausgestattet.

TECHNISCHE DATEN	
Länge über Puffer	19.130 mm
Achsstand	15.290 mm
Ladelänge	15.890 mm
Ladebreite	2.600 mm
Lastgrenze CS	46.500 kg
Eigenmasse (Mittelwert)	18.000 kg
Höchstgeschwindigkeit	
„s"-Wagen (unbeladen)	120 km/h
„ss"-Wagen (beladen)	120 km/h
Bremse	KE-GP-A
Erstes Baujahr	1998

Sgjkkmms 699

Die Container-Tragwagen der Bauart Sgjkmms 699 haben zum Schutz der Ladung einen Langhubstoßdämpfer durch den sich die Pufferbohlen gegen das Untergestell verschieben können (31 80 451 6 389-2).

Mitte der 1970er-Jahre begann die DB mit der Entwicklung reiner Container-Tragwagen. Sie projektierte Wagen mit und ohne Stoßverzehreinrichtung.

Entwicklung. Die Tragwagen, die bis zu diesem Zeitpunkt im Bestand der DB waren, basierten auf vorhandenen vierachsigen Flachwagen. Sie wiesen für den Containerverkehr ungünstige Merkmale auf, z. B. eine sehr große Fußbodenhöhe. Dazu kam, dass in Zukunft alle Containertragwagen mit einer automatischen Mittelpufferkupplung ausrüstbar sein müssen.

1977 entwickelte das Bundesbahn-Zentralamt in Minden zusammen mit der Firma Talbot in Aachen die hier vorgestellten Wagen und vergab einen Auftrag über acht Prototypen an Talbot.

Nach dem Abschluss der Untersuchungen begann 1981 die Serienfertigung. Bis 1987 nahm die DB mehr als 1.280 Wagen in ihren Bestand auf.

Wagenbau. Als Laufwerke fanden Drehgestelle der Bauart Y 31 Cs mit rollengelagerten Radsätzen Verwendung. Ihre Schraubenfedern mildern die Bewegungen der Aufbauten ab.

Die Druckluftbremse der Bauart KE-GP-A hat eine automatische Lastabbremsung.

Für das Untergestell wurden Walz- und Abkantprofile zu einem stabilen Rahmen verschweißt. Neben den Kopfstücken und den Hauptquerträgern verbinden diagonale Streben die beiden Fischbauch-Außenlangträger.

Das Untergestell der ersten Wagen ist mit Blechplatten verkleidet, damit es befahren werden kann. Später wurde darauf verzichtet.

TECHNISCHE DATEN	
Länge über Puffer	16.940 mm
Achsstand	13.100 mm
Ladelänge	14.600 mm
Lastgrenze CS	46.000 kg
Eigenmasse (Mittelwert)	18.000 kg
Höchstgeschwindigkeit (unbeladen)	120 km/h
Bremse	KE-GP-A
Erstes Baujahr	1978

Mit den Taschenwagen der Bauart Sdgkms 707 ersparen sich die Spediteure das Umladen der Güter vom Sattelauflieger auf einen Güterwagen (31 80 450 9 367-7).

Die europäischen Einheits-Taschenwagen Sdgkms 707 dienen zur Beförderung von Sattelaufliegern ohne Zugmaschinen.

Entwicklung. 1971 begann Talbot mit der Entwicklung dieser Fahrzeuge und im Februar 1972 konnte der erste Wagen vorgestellt werden.

Ab 1973 begann die Serienfertigung. 700 Serienwagen wurden bis 1984 bei der DB in Dienst gestellt.

Wagenbau. Für die Wagen wurden geschweißte Drehgestelle der Bauart 707 mit rollengelagerten Radsätzen und Schraubenfedern verwendet.

Während der Probewagen über Scheibenbremsen verfügt, kamen bei den Serienwagen Klotzbremsen mit Kunststoffbremsklötzen zum Einbau. Die Feststellbremse befindet sich in einem Drehgestell und wird von dort aus bedient.

Zwei durchlaufende Außenlangträger und zwei Kopfstücke bilden die Wagenbrücke. Die dazwischen liegende, tief angeordnete Ladetasche wird von Querträgern unterstützt. Die Sattelauflieger werden durch feste und bewegliche Radvorleger vor dem Wegrollen gesichert.

Weil die Ladetasche an einem Wagenende angeordnet ist, können die Sattelauflieger nur in eine Richtung verladen werden. Auf der anderen Seite nimmt ein verschiebbarer Stützbock über dem Drehgestell den Königszapfen des Aufliegers auf. Bei Wagen der zweiten Bauserie ist der Stützbock zusätzlich höhenverstellbar.

TECHNISCHE DATEN	
Länge über Puffer	16.440 mm
Achsstand	13.000 mm
Ladelänge	14.600 mm
Taschenlänge	7.950 mm
Ladebreite	2.500 mm
Lastgrenze CS	37.000 kg
Eigenmasse (Mittelwert)	16.000 kg
Höchstgeschwindigkeit (unbeladen)	120 km/h
Bremse	KE-GP-A K
Erstes Baujahr	1972

Shimmns-u 708

Die beweglichen Dachhauben der Shimmns 708 schützen die Coils vor der Witterung. (31 80 466 8 757-6)

Der Transport von gewalzten Blechrollen (Coils) von den Hüttenwerken zu den Endverbrauchern stellt ein nicht unerhebliches Güteraufkommen bei der DB dar. Hierfür stellte sie die Shimmns 708 in Dienst.

Entwicklung. 1976 entstand ein erster Prototyp. Zwei Jahre später begann die Serienfertigung. Bis 1993 wurden 2.681 Wagen gebaut.

Auch die DR entschloss sich Anfang der neunziger Jahre zur Beschaffung solcher Fahrzeuge. Die Waggonbau Dessau lieferte 240 Wagen.

Wagenbau. Drei verschiedene Drehgestellbauarten kamen zur Anwendung. Der Prototyp verfügt über solche der Bauart 681. Serienfahrzeuge bis zum Baujahr 1985 laufen auf Drehgestellen der Bauart 665, danach wurde die Bauart 652 verwendet.

Alle Wagen sind mit einer Knorr-Druckluftbremse der Bauart KE-GP ausgerüstet. Ein Teil der Wagen hat eine Feststellbremse.

Das geschweißte Untergestell aus Walz- und Blechprofilen bildet fünf unterschiedlich große Lademulden.

Die Hauptbestandteile des Wagenkastens sind drei verschiebbare, teleskopartig angeordnete Hauben. Die Rahmenkonstruktion dieser Hauben in Aluminium-Leichtbauweise ist mit Blechen verkleidet. Sie läuft auf nadelgelagerten Doppelrollen und muss manuell verschoben werden.

TECHNISCHE DATEN	
Länge über Puffer	12.040 mm
Achsstand	8.800 mm
Ladelänge	10.800 mm
Ladebreite	2.400 mm
Lastgrenze D4S	67.000 kg
Eigenmasse (Mittelwert)	23.000 kg
Höchstgeschwindigkeit (unbeladen)	120 km/h
Bremse	KE-GP
Erstes Baujahr	1976

Samms 710

Sehr schwere Güter wie Halbfertigprodukte aus Stahl werden auf den sechsachsigen Flachwagen der Bauart Samms 710 transportiert (31 80 486 1 487-5).

Zwischen 1963 und 1977 beschaffte die DB die Bauart Samms 710, um die schon 1942 von der DRG in Dienst gestellte Bauart Sammp 705 zu ersetzen.

Entwicklung. Für den Transport von Blechrollen erhielten zwischen 1970 und 1977 ca. 940 Fahrzeuge spezielle Transportgestelle.

Die Bauart Samms 709 ist der direkte Nachfolger der Bauart Samms 710, die für die selben Aufgaben herangezogen wird. Zwischen 1981 und 1987 wurde ein Teil der Samm 709 ebenfalls mit einem Transportgerüst zur Beförderung von Coils ausgestattet.

Ab 1974 beschaffte die DB mit den Sahmms 711 erstmals offene Tragwagen mit sieben fest in die Wagenbrücke integrierten Lademulden für den Coiltransport. Damit auch Brammen befördert werden können, sind die oberen Enden der Tragmulden als flache Ladeschwellen ausgeführt.

Wagenbau. Die Wagen der Bauart 710 laufen auf dreiachsigen Drehgestellen der Bauart 710 mit geschweißten Rahmen, die unter Verwendung von Profil- und Schmiedeteilen hergestellt wurden. Sie verfügen über rollengelagerte Radsätze, achtlagige Trapezfedern und Langschaken.

Die Knorr-Druckluftbremse hat zwei Bremsgestängesteller und zwei Lastwechselkästen. Zusätzlich wurde eine Feststellbremse eingebaut.

Das geschweißte Untergestell besteht aus einer Rahmenkonstruktion mit fischbauchartigen Langträgern. Der Fußboden aus Holzbrettern kann befahren werden.

TECHNISCHE DATEN	
Länge über Puffer	16.400 mm
Achsstand	11.800 mm
Ladelänge	15.000 mm
Ladebreite zwischen den Rungen	2.560 mm
Lastgrenze DS	74.000 kg
Eigenmasse (Mittelwert)	31.000 kg
Höchstgeschwindigkeit (unbeladen)	120 km/h
Bremse	KE-GP
Erstes Baujahr	1963

Die vierachsigen Flachwagen der Bauart Sgjs 712 dienen zur Beförderung unterschiedlich langer Container. Mit zwei 20-Fuß-Containern steht der Wagen 31 80 453 9 345-7 in Nierenheim.

Seit dem Beginn der 1970er-Jahre befasste sich die DB mit der Entwicklung eines vierachsigen Containertragwagens mit einer Bodenhöhe von 1.175 mm und der Möglichkeit, eine Stoßdämpfung und eine automatische Kupplung einbauen zu können.

Entwicklung. An der Entwicklung beteiligten sich Linke-Hofman-Busch (LHB), die Waggon Union (WU) und Talbot. 1976 wurde ein erster Prototyp gebaut.

1979 begann die Serienlieferung der 1.300 Fahrzeuge, die sich bis 1987 erstreckte.

Wagenbau. Die geschweißten Drehgestelle der Bauart Y 25 Css haben einen Achsstand von 1.800 mm, eine vollständige Drehpfanne und zweistufig lineare Schraubenfedern neben den Achslagern. Die Knorr-Druckluftbremse Bauart KE-GP-A hat eine automatische Lastabbremsung, zwei Bremszylinder und Doppelbremsklötze.

In das komplett geschweißte, stählerne Untergestell ist ein hydraulischer Langhub-Stoßämpfer integriert. Zwischen den Hauptquerträgern ist das Untergestell mit Kiefernholzbohlen belegt. An den Wagenenden sind Blechplatten zu finden.

Die Container werden mit 20 klappbaren Aufsetzzapfen arretiert.

An jedem Wagenende ist links ein Rangierertritt mit absenkbarem Haltegriff montiert. Außerdem befinden sich hier zwei Signalstützen und Kupplergriffe.

TECHNISCHE DATEN	
Länge über Puffer	21.000 mm
Achsstand	17.600 mm
Ladelänge	18.400 mm
Lastgrenze CS	56.500 kg
Eigenmasse (Mittelwert)	23.400 kg
Höchstgeschwindigkeit (unbeladen)	120 km/h
Bremse	KE-GP-A
Erstes Baujahr	1976

Weil Tragwagen meist in Ganz- oder Blockzüge eingestellt werden, entschied sich die DB zur Beschaffung der zweigliedrigen Sggmrs 715 (31 80 495 4 706-6).

Containertragwagen werden meist in Ganz- oder Blockzügen eingesetzt. Deshalb ließ die DB Mitte der achtziger Jahre die zweiteiligen Gelenktragwagen der Bauart Sggmrs 715 entwickeln.

Entwicklung. Die beiden Hälften stützen sich in der Mitte auf ein gemeinsames Jakobsdrehgestell, so dass ein Drehgestell eingespart werden konnte.

1987 lieferte die Waggon Union in Berlin einen ersten Prototypen. Ein Jahr später wurden 300 Fahrzeuge gebaut. 100 Wagen sind „ss"-fähig (Höchstgeschwindigkeit beladen 120 km/h). Sie wurden als Sggnoss 715.89 in Dienst gestellt, die übrigen 200 Einheiten erhielten die Bezeichnung Sggnos 715.88.

Weil sich die Wagen bewährten, folgte 1991 bis 1994 die Beschaffung von weiteren 1.250 Einheiten. Die zunächst als Sggnos 715.91 bezeichneten Wagen unterscheiden sich in der Konstruktion des Gelenks und in ihrer Lackierung von den WU-Wagen.

Wagenbau. Drei Drehgestelle der Bauart Y 25 Lssd bilden das Laufwerk. Ein H-Rahmen mit Kopfstücken mit vollständiger Drehpfanne bildet den Hauptbestandteil der Drehgestelle.

Die Knorr-Druckluft-Klotzbremse arbeitet mit automatischer Lastabbremsung. Jede Wagenhälfte verfügt über eine eigene Bremsanlage. Teilweise sind die Wagen mit einer Feststellbremse ausgestattet. Das zweiteilige Untergestell setzt sich aus geschweißten Walz- und Blechprofilen zusammen und bildet einen verwindungsweichen Rahmen mit Außenlang- und Querträgern.

TECHNISCHE DATEN	
Länge über Puffer	33.940 mm
Achsstand	30.200 mm
Ladelänge	2 x 16.100 mm
Lastgrenze DS	104.000 kg
Eigenmasse (Mittelwert)	30.000 kg
Höchstgeschwindigkeit (unbeladen)	120 km/h
Bremse	2 x KE-GP-A
Erstes Baujahr	1988

Die Flachwagen der Bauart Snps 719 wurden für die Beförderung von Stamm- und Schnittholz, aber auch von Rohren angeschafft (31 80 472 3 901-3).

Für den Transport von Rohren, Rund- und Schnittholz stellte die DB ab 1977 die Wagen der Bauart Snps 719 in Dienst.

Entwicklung. Zunächst wurden 1977 und 1978 zwei Prototypen beschafft. Nach deren Erprobung folgte in den Jahren 1980 bis 1982 die Serienlieferung von 1.960 Wagen.

Wagenbau. Die Flachwagen laufen auf Drehgestellen der von LHB entwickelten Bauart 665 mit Vollradsätzen und Rollenlagern. Fünflagige, zweistufige Parabelfedern mit Trapezschaken stellen die Verbindung zwischen den Radsätzen und den Drehgestellrahmen her.

Ein Bremszylinder bewegt die einfachen Bremsklötze der Druckluftbremse Bauart KE-GP. Die Umstellung des zweistufigen Lastwechsels erfolgt manuell. Die bei einigen Wagen vorhandene Feststellbremse wird vom Boden aus bedient.

Die Langträger sind durch zwei Hauptquerträger, sechs Zwischenquerträger und die beiden Pufferträger zum Untergestell verbunden. Es ist mit einem Fußboden aus gelochten Stahlblechen abgedeckt. Der Boden kann zwar begangen, aber nicht befahren werden. Auch zur Aufnahme von Lasten ist er nicht geeignet. Zur Auflage des Ladegutes stehen acht fest verlegte Ladeschwellen zur Verfügung. Bei durchhängendem Ladegut können zusätzliche Hilfsladeschwellen unter das Ladegut gelegt werden.

Acht Paar Doppelrungen sind dort am Untergestell befestigt, wo sich die Querträger befinden. Sie sind innen beschichtet, um Beschädigungen des Ladegutes zu vermeiden.

TECHNISCHE DATEN	
Länge über Puffer	20.840 mm
Achsstand	17.600 mm
Ladelänge	19.000 mm
Ladebreite	2.723 mm
Ladefläche	51,7 m^2
Lastgrenze DS	63.000 kg
Eigenmasse (Mittelwert)	24.990 kg
Höchstgeschwindigkeit (unbeladen)	120 km/h
Bremse	KE-GP
Erstes Baujahr	1977

Shimmns-ttu 722

Das einteilige Planendach schützt die Coils vor Witterungseinflüssen (Shimmns-ttu 722, 31 80 467 5 717-1).

Weil die gedeckten Coil-Transportwagen der Bauart Shimmns 708 die Nachfrage nicht befriedigen konnten, beschaffte die DB ab 1996 weitere Wagen dieses Typs.

Entwicklung. Hauptunterschied zu den Vorgängern ist die einteilige Planenabdeckung, die die drei Stahlhauben ersetzt.

Zuerst entstanden die Neubauwagen der Bauart Shimmns-tu 718.

Ab 2002 überarbeitete die DB die Shimmns 708 und ersetzte ihre Hauben durch eine Plane. Die Umbauwagen werden als Shimmns-ttu 722 bezeichnet. Parallel dazu entstanden weitere Neubauwagen, die die DB als Shimmns 723 übernahm.

Wagenbau. Die Wagen sind mit Drehgestellen der Bauart Y 25 Ls ausgestattet.

Die automatische Lastabbremsung der Knorr-Druckluftbremse Bauart KE-GP-A wird pneumatisch betätigt.

Das Untergestell in Rahmenbauweise setzt sich aus Walz- und Blechprofilen zusammen.

Der Wagenkasten besteht aus zwei festen Stirnwänden. Das Planendach mit Spriegeln steht auf Laufrollen. Um ein Abheben der Plane zu verhindern, greifen die Laufwagen unter die Laufschienen. An die Spriegel ist eine Gewebeplane angeklipst. Damit sich die Plane beim Öffnen nicht nach innen faltet, wurde zwischen den einzelnen Spriegeln ein bewegliches Gestänge eingezogen.

TECHNISCHE DATEN	
Länge über Puffer	12.040 mm
Achsstand im Drehgestell	8.800 mm
Ladelänge	10.800 mm
Ladebreite	2.400 mm
Lastgrenze D4S	66.000 kg
Eigenmasse (mittelwert)	23.500 kg
Höchstgeschwindigkeit (unbeladen)	120 km/h
Bremse	KE-GP
Erstes Baujahr	2002

Als Nachfolger der Bauart Uais 732 wurden die Tiefladewagen der Bauart Uaikks 720 in Dienst gestellt. (31 80 992 3 908-5)

Die Wagen der Bauart Uais 732 waren die letzten von der DB in Dienst gestellten vierachsigen Tiefladewagen mit gekröpfter Ladebrücke.

Entwicklung. Die ab 1975 beschafften Fahrzeuge stellen mit ihren geschlossenen Ladeflächen eine Weiterentwicklung der Uaikks 720 dar, sind allerdings etwas kürzer. 16 Wagen wurden von Linke-Hofmann-Busch in Salzgitter gebaut.

Die Entwicklung vierachsiger Tiefladewagen mit gekröpfter Ladebrücke begann bei der DB 1956. Zu dieser Zeit stellte sie 14 Wagen unter der Bezeichnung St 54 (ab 1966 Uaik 721) mit offener Ladebrücke in Dienst. Sie waren bis zum Erscheinen der Uaikks 720 die einzigen Wagen dieser Art bei der Deutschen Bundesbahn und sind inzwischen alle ausgemustert.

Wagenbau. Eine geschweißte H-Rahmenkonstruktion mit Kopfstücken bildet das Hauptbauteil der zweiachsigen Drehgestelle der Uais 732. Sie verfügen, ähnlich wie die Y-25-Drehgestelle, über zweistufige Schraubenfedern und rollengelagerte Radsätze.

Die komplette Bremsanlage der Bauart KE-GP-A mit automatischer Lastabbremsung ist bis auf das Steuerventil, die Umstelleinrichtung und die Luftbehälter im Drehgestell angeordnet. Das komplette Untergestell ist mit Blechen abgedeckt. Im Tiefladebereich sind 16 versenkbare Binderinge montiert. Je zwei Befestigungsringe befinden sich an den Längsseiten über den Drehgestellen.

TECHNISCHE DATEN	
Länge über Puffer	19.940 mm
Achsstand	16.700 mm
Ladelänge	18.700 mm
Tiefladelänge	10.000 mm
Tiefladehöhe über SO	650 mm
Ladebreite	2.500 mm
Lastgrenze CS	50.000 kg
Eigenmasse (Mittelwert)	20.500 kg
Höchstgeschwindigkeit (unbeladen)	120 km/h
Bremse	KE-GP-A
Erstes Baujahr	1975

Die Containertragwagen der Bauart Sgnss 735 sind von Railion nur angemietet. Sie gehören der Ahaus-Alstätter Eisenbahn (31 80 455 2 006-7).

Neben eigenen Containertransportwagen hat Railion Deutschland auch angemietete Transportwagen in ihrem Bestand. Zu diesen gehört die hier vorgestellte Bauart Sgnss 735.

Entwicklung. Eigentümer der Wagen ist die Ahaus-Alstätter Eisenbahn (AAE), von der Railion die Wagen 2001 anmietete.

Wagenbau. Die vierachsigen Tragwagen laufen auf Drehgestellen der Bauart Y 25 Lss. Mit ihren rollengelagerten Radsätzen, den Schraubenfedern und dem automatischen Lastwechsel der Bremse ist eine Höchstgeschwindigkeit von 120 km/h auch für beladene Wagen erlaubt. Die geteilte Zugvorrichtung kann mit einer automatischen Mittelpufferkupplung bestückt werden.

Die beiden Zylinder der Knorr-Druckluftbremse Bauart KE-GP-A übertragen ihre Kraft auf die Bremsklötze. Dabei wird die Bremskraft für jedes Drehgestell einzeln gesteuert. Die Feststellbremse wird mit einem Handrad an den Langträgern vom Boden aus bedient. Die beiden unten fischbauchartig zulaufenden Langträger des Untergestells sind über die Hauptquerträger, die Kopfstücke und weitere Hilfquerstreben zu einem Rahmen verbunden. In der Mitte ist eine Übergangsbrücke mit Trittstufen zu finden. An jedem Wagenende sind auf der linken Seite eine Trittstufe und ein Klappgriff zu finden, die durch Kupplergriffe, Signalstützen und Seilhaken ergänzt werden.

Container und Wechselaufbauten unterschiedlicher Längen lassen sich auf 28 klappbare Aufsetzzapfen aus Stahlguss mit hoher Festigkeit absetzen.

TECHNISCHE DATEN	
Länge über Puffer	19.740 mm
Achsstand	16.000 mm
Ladelänge	18.500 mm
Lastgrenze DS	70.000 kg
Eigenmasse (Mittelwert)	20.000 kg
Höchstgeschwindigkeit (beladen)	120 km/h
Bremse	KE-GP-A
Erstes Baujahr	2001

Die beiden Ladebereiche sind durch unterschiedliche Anstriche der Wagenhälften gekennzeichnet. Die Wagenhälfte für Sattelanhänger ist orangefarben, jene für Container blau lackiert.

Die zweiteiligen Wagen der Bauart Sdggmrs 744 können gleichzeitig mit Containern oder Wechselbehältern und LKW-Sattelaufliegern beladen werden.

Entwicklung. Nachdem sich die ab 1988 gelieferten Containertragwagen der Bauart Sggmrs 715 bewährt hatten, wurde von Kunden immer wieder der Wunsch geäußert, auch Sattelanhänger von LKWs auf Güterwagen zu befördern. Die DB hat dafür seit 1973 die Wagen der Bauart Sdgkms 707 in ihren Bestand. Die ab 1991 bei Talbot gebauten Doppelwagen bilden eine Kombination aus diesen beiden Wagentypen.

Wagenbau. Weil sich die beiden Hälften in der Mitte auf ein gemeinsames Jakobsdrehgestell abstützen, reichen pro Wagen drei Drehgestelle der Bauart Y 25 Lss aus. Die Federung übernehmen 24 Schraubenfedersätze.

Die Knorr-Druckluft-Klotzbremse arbeitet mit einer stufenlosen, selbsttätigen und pneumatischen Lastabbremsung. Jede Wagenhälfte verfügt über eine eigene Bremsanlage. Bei Wagen mit Feststellbremse wird diese vom Boden aus mit einem Handrad bedient.

Das zweiteilige Untergestell setzt sich aus geschweißten Walz- und Blechprofilen zusammen und bildet einen Rahmen mit Außenlang- und Querträgern. Beide Hälften sind über ein Gelenk verbunden, das Längs- und Querkräfte überträgt.

Eine Hälfte des Wagens hat für Sattelauflieger eine tief angeordnete Ladetasche, die von Querträgern unterstützt wird. Die Sattelauflieger werden durch feste und bewegliche Radvorleger sowie rund einen abklappbaren Stützbock vor dem Wegrollen gesichert.

TECHNISCHE DATEN	
Länge über Puffer	33.940 mm
Achsstand	30.200 mm
Ladelänge	2 x 16.100 mm
Lastgrenze DS	102.000 kg
Eigenmasse (Mittelwert)	32.900 kg
Höchstgeschwindigkeit (unbeladen)	120 km/h
Bremse	2 x KE-GP-A
Erstes Baujahr	1991

Bei den Uaais 756 kann das Ladegut entweder auf den Langträgern oder zwischen diesen im Tiefladebereich transportiert werden (31 80 993 5 901-6).

Auf der durchgehenden, tiefliegenden Ladeebene der Uaais 756 können besonders lange und sperrige Güter transportiert werden.

Entwicklung. Die DB nahm zwei dieser Wagen in ihren Bestand auf. Lieferant war die Waggon Union in Siegen.

Die Wagen sind RIV-fähig und bedingt für den Fährbetrieb geeignet.

Schon 1963 stellte die DB ähnliche Wagen für den Transport von Schmalspurfahrzeugen mit einer Spurweite von 1.000 mm als Uaai 754 in Dienst.

1967 lieferte Krupp in Essen zwei Wagen, die in ihrem Aufbau den Uaai 754 entsprachen, allerdings wurde bei den als Uaai 755 bezeichneten Wagen auf die Schmalspurschienen verzichtet. Auffälligstes Merkmal dieser beiden Bauarten sind die schwenkbaren Pufferbohlen, über die die Wagen auch von den Stirnseiten aus beladen werden können.

Wagenbau. Die beiden Drehgestelle Uaais 756 weisen einen Achsstand von 2 x 1.500 mm und innengelagerte Radsätze mit einem Durchmesser von nur 680 mm auf. Sie sind mit Schraubenfedern ohne Drehpfannen ausgeführt.

Die Druckluftbremse der Bauart KE-GP wird durch eine bodenbedienbare Feststellbremse ergänzt.

Die Ladebrücke besteht aus zwei seitlichen Langträgern aus Walzstahl. Dazwischen befinden sich tiefliegende, eingeschweißte Querträger. An den Längsseiten sind Zurrösen zur Sicherung des Ladegutes vorhanden.

TECHNISCHE DATEN	
Länge über Puffer	21.240 mm
Achsstand	15.000 mm
Ladelänge	17.500 mm
Tiefladelänge	7.100 mm
Tiefladehöhe über SO	640/865 mm
Ladebreite	2.400 mm
Lastgrenze DS	73.000 kg
Eigenmasse (Mittelwert)	23.000 kg
Höchstgeschwindigkeit	100 km/h
Bremse	KE-GP
Erstes Baujahr	1977

Uaaikks 764

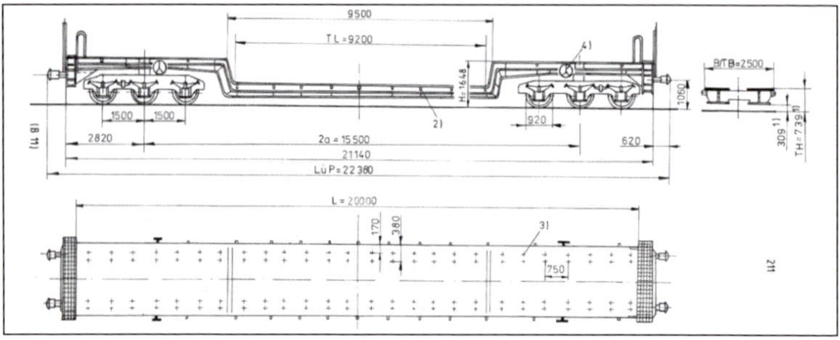

Die zehn Tiefladewagen der Bauart Uaaikks 764 entstanden bei der Waggon Union in Siegen und ergänzen die aus Frankreich stammenden Uaaik 765.

Neben den vierachsigen Tiefladewagen der Bauarten 745 und 749 bestellte die DR der DDR Mitte der 1980er-Jahre auch Sechsachser. 1986 lieferte die Waggon Union in Siegen zehn dieser Fahrzeuge.

Entwicklung. Sie ergänzten die zehn 1967 bei La Brugeoise et Nevilles (Belgien) gekauften Tiefladewagen der Bauart SSt 66, die von der DB AG ab 1994 als Uaaik 765 bezeichnet wurden.

Auffälligster Unterschied zwischen den beiden Baurten ist die geschlossene Ladefläche der Uaaikks 764. Bei den Uaaik 765 liegen die vier Langträger offen.

Wagenbau. Die dreiachsigen Drehgestelle der Uaaikks 764 entsprechen der Bauart WU 84-14. Sie können um 360° gedreht werden. Die Drehgestellrahmen sind aus Walzprofilen zusammengeschweißt. Parabelfedern verbinden die rollengelagerten Radsätze mit dem Rahmen. Die Druckluftbremse der Bauart KE-GP wurde um eine bodenbedienbare Feststellbremse ergänzt.

Die Ladebrücke wurde in Steg-Gurt-Bauweise hergestellt und ist komplett geschweißt. Sie endet an beiden Seiten in Übergangsbrücken mit festen Trittstufen und Geländern. Die Tiefladefläche ist eben und geschlossen ausgeführt. In die Vorbauten kann eine automatische Mittelpufferkupplung eingebaut werden. Die Ladebrücke ist nach beiden Richtungen um 400 mm verschiebbar.

Das Ladegut kann an Zurrösen und Befestigungsösen gesichert werden.

TECHNISCHE DATEN	
Länge über Puffer	22.380 mm
Achsstand im Drehgestell	18.500 mm
Ladelänge	20.000 mm
Tiefladelänge	9.200 mm
Tiefladehöhe über SO	739 mm
Ladebreite	2.500 mm
Lastgrenze D4S	57.000 kg
Eigenmasse (Mittelwert)	42.000 kg
Höchstgeschwindigkeit	100 km/h
Bremse	KE-GP
Erstes Baujahr	1986

Die zwölfachsigen Tiefladewagen der Bauart SSt 40 stammen von 1938. Sie wurden ab 1966 als Uaai 815 im Bestand der Deutschen Bundesbahn geführt (82 80 995 2 900-4).

Schon 1938 bauten die Linke-Hofmann-Werke die hier vorgestellten zwölfachsigen Tiefladewagen für die damalige Deutsche Reichsbahn.

Entwicklung. Neben diesen Wagen mit gerade durchlaufender Ladebrücke (Uaai 815) finden sich auch zwölfachsige Wagen mit gekröpfter Ladebrücke im Bestand der DB AG. Dazu gehören der von der Deutschen Bundesbahn 1965 beschaffte Wagen der Bauart Uaai 820 und die von der Reichsbahn der DDR an die DB AG übergegangenen Wagen der Bauarten Uaai 818 (12 Stück) und Uaai 819 (4 Stück).

Wagenbau. Alle hier vorgestellte Wagen laufen auf vier dreiachsigen Drehgestellen, von denen jeweils zwei durch einen kurzen Rahmen zu einem sechsachsigen Laufwerk mit Übergangsbühne zusammengefasst sind. Während bei den Uaai 815, den Uaai 819 und dem Uaai 820 Blatttragfedern Gleisunebenheiten ausgleichen, wurden bei den Uaai 818 Schraubenfedern verwendet. Die Hildbrand-Knorr-Bremse der alten Uaai 815 wurde bei den neuen Wagen durch eine Knorrbremse der Bauart KE-G bzw. KE-GP ersetzt.

Die Ladebrücke der Uaai 815 besteht aus einem Trog, den die beiden hohen Außenlangträger und die unten angeordneten niedrigen Querträger bilden.

Bei den anderen Bauarten wurden auch die äußeren Träger der Ladefläche niedrig ausgeführt, so dass sich eine offene Tiefladefläche ergibt, die durch Stahlbleche abgedeckt ist.

TECHNISCHE DATEN	
Länge über Puffer	32.374 mm
Achsstand im Drehgestell	28.370 mm
Tiefladelänge	10.000 mm
Tiefladehöhe über SO	630 mm
Ladebreite	2.080 mm
Lastgrenze C4	83.500 kg
Eigenmasse (Mittelwert)	73.900 kg
Höchstgeschwindigkeit	90 km/h
Bremse	Hik-G
Erstes Baujahr	1938

Der 24-achsige Uaai 838, 82 80 996 4 900-0, schließt die Lücke zwischen den 20-achsigen Wagen der Bauart Uaai 836 und dem 32-achsigen Tragschnabelwagen der Bauart Uaai 839.

Gleichzeitig mit der Beschaffung des zweiten 32-achsigen Tragschnabelwagens der Bauart Uaai 839 ließ die Deutsche Bundesbahn 1973 einen etwas kleineren Wagen mit 24 Radsätzen bauen.

Entwicklung. Hersteller war wie auch bei den großen Wagen Krupp in Essen.

Wagenbau. Jede Wagenhälfte hat drei Drehgestelle mit je vier rollengelagerten Radsätzen. In jedem Drehgestell sind zur besseren Kurvengängigkeit die Spurkränze bei den beiden mittleren Radsätzen geschwächt.

Blattfederpakete mit Einfachschaken gleichen Unebenheiten der Gleise aus. Schraubenzusatzfedern vermindern die Radsatzlasten bei Leerfahrten.

Die Knorr-Druckluftbremse der Bauart KE-GP-A hat eine automatische Lastabbremsung und wird durch eine Feststellbremse ergänzt. Bei Unregelmäßigkeiten kann die Notbremse von den Endbühnen des Wagens aus betätigt werden.

Zwei Drehgestelle sind durch eine kleine Verbindungsbrücke zu einer Einheit zusammengefasst. Eine weitere Brücke verbindet das dritte Drehgestell mit dieser Einheit.

Auf dieser Brücke ruhen die Tragschnäbel in Drehpfannen, die nach beiden Seiten um 550 mm verschiebbar sind. Das Ladegut selbst wird mit vier konischen Einhängebolzen in die Traglaschen an den Unterseiten der Tragschnäbel eingehängt. Oben halten Druckspindeln das Ladegut und die Tragschnäbel auf Abstand und sorgen für eine senkrechte Ausrichtung des Ladeguts.

TECHNISCHE DATEN	
Länge über Puffer	51.372*/39.022** mm
Tiefladelänge	10.720 mm
Ladebreite	max. 3.600 mm
Lastgrenze D4S	57.000 kg
Eigenmasse	187.300/215.000* kg
Höchstgeschwindigkeit (unbeladen)	80 km/h
Bremse	KE-GP-A
Erstes Baujahr	1973

* mit 13.000 mm langen Durchladeträgern

** mit kurzgekuppelten Tragschnäbeln

Mit seinen 32 Achsen ist der Uaai 839 der größte Tragschnabelwagen im Spezialwagenpark der DB.

Der Tragschnabelwagen der Gattung Uaai 839 markiert mit seinen 32 Achsen und seiner maximalen Tragfähigkeit von 530.000 kg den Abschluss der Entwicklung dieser Fahrzeuge bei der DB.

Entwicklung. Die beiden Wagen wurden in Zusammenarbeit der DB mit dem Arbeitskreis „Schwer- und Großraumtransporte" entwickelt. Hersteller waren Krupp in Essen und Krupp Kranbau in Wilhelmshafen. Der erste Wagen wurde 1970, der zweite 1973 geliefert.

Wagenbau. Die Fahrzeuge bestehen im Prinzip aus zwei Halbwagen, die über das Ladegut miteinander verbunden werden. Jede Hälfte hat vier Drehgestelle mit je vier rollengelagerten Radsätzen. Zur besseren Kurvengängigkeit sind die Spurkränze der inneren Radsätze geschwächt.

Weil der Zielort des Ladeguts oft nicht an einer Bahnlinie liegt, können die Wagen durch Austausch der Laufwerke in Straßenfahrzeuge umgewandelt werden.

Die Knorr-Druckluftbremse Bauart KE-GP-A hat eine automatische Wiegeeinrichtung.

Je zwei Drehgestelle werden durch eine Brücke zu einer Einheit zusammengefasst. Zwei dieser Einheiten sind durch eine große Brücke miteinander verbunden. In der Mitte dieser Verbindungsbrücke stützt sich der Tragschnabel über Drehpfannen ab. Das Unterteil der Drehpfanne ist als Schlitten ausgebildet, so dass sich der Tragschnabel hydraulisch beidseitig bis zu 550 mm aus der Mittellage verschieben lässt.

TECHNISCHE DATEN	
Länge über Puffer	49.600*/51.200** mm
Eigenmasse	173.000*/246.000** kg
Tragfähigkeit	
20.000 kg Achslast	467.000*/394.000** kg
21.500 kg Achslast	515.000*/442.000** kg
22.000 kg Achslast	530.000*/457.000** kg
Höchstgeschwindigkeit (unbeladen)	80 km/h
Bremse	KE-GP-A
Baujahr	1970

* mit Tragschnäbeln **ohne Tragschnäbel

Das einteilige Schwenkdach der Tbekks 846 gibt zum Be- und Entladen die gesamte Grundfläche frei. So können auch Güter verladen werden, die nicht durch die seitlichen Türen passen (21 80 077 5 167-8).

Auf Basis der normalen gedeckten Güterwagen der Bauart Gbs 258 beschaffte die Reichsbahn der DDR Fahrzeuge mit einteiligem Schwenkdach.

Entwicklung. Die 400 Wagen wurden bei der Waggon Union in Siegen gefertigt und ab 1980 an die DR abgeliefert.

Wagenbau. Für die zweiachsigen Laufwerke wurden rollengelagerte Vollradsätze und Blatttragfedern verwendet, die über Doppelschaken mit dem Untergestell verbunden sind.

Ein Bremszylinder bewegt die einfachen Bremsklötze der Knorr-Druckluftbremse mit zweistufiger und manuell umzustellender Lastabbremsung. Ein Teil der Wagen ist mit einer Feststellbremse ausgestattet. Das geschweißte Untergestell ist aus Walzprofilen und Blechen gefertigt. Als Fußboden wurden Nadelholzbohlen verlegt.

Das Gerippe des Wagenkastens besteht aus Stahlprofilen, die an den Stirnseiten mit Blechen verkleidet sind. Für die Seitenwände wurden Furnierplatten verwendet.

Das aus Stahlblechen geformte Hub-Schwenkdach liegt in geschlossenem Zustand vollständig und gedichtet auf dem Obergurt der Kastens auf. Es lässt sich von jedem Wagenende aus über Handräder bedienen.

TECHNISCHE DATEN	
Länge über Puffer	14.200 mm
Achsstand	8.000 mm
Ladelänge	12.700 mm
Laderaum	80,0 m²
Lastgrenze CS	24.500 kg
Eigenmasse (Mittelwert)	15.500 kg
Höchstgeschwindigkeit (unbeladen)	120 km/h
Bremse	KE-GP
Erstes Baujahr	1980

Dieser dreitürige Tbis 871 bekam wahrscheinlich als einziger einen verkehrsroten Anstrich. Die Wagen wurden nur in Bauform A mit Frontaufstieg gefertigt.

Die Wagen der Bauart Tbis 869 schlossen sich in ihrer Entwicklung an die Schiebewand- und Schiebedachwagen Tbis 870 mit zwei Schiebetüren je Seite und Tbis 871 mit drei Schiebetüren je Seite an.

Entwicklung. Der wichtigste Unterschied besteht in der Möglichkeit, bei den Tbis 869 eine automatische Mittelpufferkupplung einzubauen.

Die Wagen mit zwei Schiebtüren pro Seite wurden ab 1966 geliefert. Erfahrungen mit der Bauform A veranlassten die DB zu Änderungen. Man versuchte, die toten Ecken an den Stirnwänden zu vermeiden, vergrößerte die Öffnungsweite der Seitenwandsegmente und änderte den Öffnungsmechanismus der Dächer. Die Wagen der Bauform B wurden ab 1968 beschafft.

Wagenbau. Die Wagen haben Laufwerke mit UIC-Rollenlagern und Blatttragfedern. Die zweistufige Lastabbremsung der Druckluft-Klotzbremse Bauart Knorr KE-GP muss von Hand umgestellt werden.

Geschweißte Profile bilden einen stabilen Rahmen. Der Wagenkasten setzt sich aus den festen Stirnwänden und dem Mittelportal zusammen. Die verschiebbaren Seitenwände bestehen aus Aluminiumblechen mit waagerecht aufgesetzten Hohlprofilen.

Die Hälften des Schiebedachs sind ebenfalls aus Aluminium hergestellt. Der Öffnungsmechanismus für das Dach befindet sich bei den Wagen der Bauform A auf dem Dachfirst. Bei den Wagen der Bauform B werden die Dachhälften mit Handrädern betätigt, die unten an den Stirnwänden angebracht sind.

TECHNISCHE DATEN	
Länge über Puffer	14.020 mm
Achsstand	8.000 mm
Ladelänge	12.774 mm
Laderaum	85,0 m²
Lastgrenze CS	26.000 kg
Eigenmasse (MIttelwert)	14.200 kg
Höchstgeschwindigkeit (unbeladen)	120 km/h
Bremse	KE-GP
Erstes Baujahr	1966

Ein Teil der Wagen bekam bei einem Umbau Drehgestelle der Bauart Y 25. (890 31 80 085 1 455-2)

Die guten Erfahrungen mit den vierachsigen Schwenkdachwagen der Bauart Tae(h)ms 888 veranlassten die Deutsche Bundesbahn, ab 1965 eine Folgeserie in Dienst zu stellen.

Entwicklung. Nach 831 gebauten Wagen endete die Produktion 1970. Doch bereits ein Jahr später wurde eine weitere Serie, diesmal mit selbsttätiger Lastabbremsung als als Tae(h)ms 891 in Dienst gestellt. Bis 1975 wurden 1.679 Wagen gebaut.

Wagenbau. Die ersten 160 Taems 890 laufen auf Drehgestellen der Bauart Minden-Dorstfeld 931. Die restlichen Taems 890 haben Drehgestelle der Bauart Minden-Siegen 661.

Die Knorr-Druckluftbremse Bauart KE-GP arbeitet mit einer zweistufigen, handbetätigten Lastabbremsung. Das geschweißte Untergestell ist in Rahmenbauweise hergestellt. Der befahrbare Fußboden besteht aus Holzbohlen.

Beim selbsttragenden Wagenkasten aus Leichtstahl konnte auf Zwischensäulen verzichtet werden.

Die Beladung erfolgt entweder durch das einteilige Schwenkdach oder durch zwei in der Mitte der Seitenwände angeordnete Ladeöffnungen, die mit einteiligen Schiebetüren verschlossen werden.

Das einteilige, selbsttragende Stahlschwenkdach ist an beiden Stirnseiten drehbar gelagert und kann so weit nach jeder Seite geschwenkt werden, dass die gesamte Ladefläche freigegeben wird.

TECHNISCHE DATEN	
Länge über Puffer	14.040 mm
Achsstand	10.300 mm
Ladelänge	12.350 mm
Ladebreite	2.650 mm
Lastgrenze CS	57.500 kg
Eigenmasse (Mittelwert)	22.000 kg
Höchstgeschwindigkeit (unbeladen)	120 km/h
Bremse	KE-GP
Erstes Baujahr	1966

Durch das von der Entladebühne aus zu bedienende einteilige Schwenkdach konnten die Beladezeiten der Kali-Transportwagen erheblich verringert werden (31 80 069 5 315-8).

Weil die Beladung der ehemaligen DR-Wagen der Bauart Uaoos-y 948 über vier manuell zu bedienende Ladedeckel recht umständlich war, begann die Deutsche Bahn Mitte der 1990er-Jahre mit dem Umbau der Kalitransportwagen.

Entwicklung. Die DB ersetzte die Klappdeckel durch ein einteiliges Schwenkdach, das von einer Ladebühne aus schnell und sicher bedient werden kann, ohne dass ein Mitarbeiter auf das Wagendach klettern muss. Außerdem gibt das Schwenkdach die gesamte Beladeöffnung auf einmal frei.

Wagenbau. Die Drehgestelle der Bauart Y 25 Cs wurden unverändert von den 1980 gebauten Spenderwagen übernommen und nur bei Bedarf aufgearbeitet.

Auch die Bremse der Bauart Knorr KE-GP mit manuell umzustellender Lastabbremsung blieb unverändert.

Im korrosionsbeständigen Wagenkasten sind die Laderäume durch Querwände voneinander getrennt. Sie können durch Schieber nach unten in Tiefbunker oder auf Förderbänder entladen werden. Deshalb reicht der Wagenkasten in das aus zwei Langträgern und mehreren Querträgern bestehende Untergestell hinein.

Das einteilige Schwenkdach lässt sich über ein Gestänge von einer der beiden Endbühnen zur Seite schwenken.

TECHNISCHE DATEN	
Länge über Puffer	16.000 mm
Achsstand	12.760 mm
Ladelänge	10.120 mm
Ladebreite	1.200 mm
Lastgrenze CS	55.500 kg
Eigenmasse (Mittelwert)	24.500 kg
Höchstgeschwindigkeit (unbeladen)	120 km/h
Bremse	KE-GP
Erstes Baujahr	1995

Die Wagen der Bauart Tamns 895 sind die neuesten Fahrzeuge, die die DB zur Beförderung von Tonerde in ihrem Bestand hat (81 80 080 3 179-5).

Die Bauart Tamns 895 bildet derzeit den Abschluss der Entwicklung von Wagen mit Rolldach zur Beförderung von Tonerde bei der DB.

Entwicklung. Mit der Bauart Taes 889 erschienen 1973 die ersten dieser Fahrzeuge auf den Gleisen der DB.

Der steigende Bedarf, Erfahrungen mit älteren Wagen und der teilweise erfordeliche Austausch veranlassten die Deutsche Bahn, weitere Bauarten dieses Wagentyps zu beschaffen. So wurden schon 1976 die Taems 892 mit Kunststoff-Rolldach in Dienst gestellt.

Die nächsten beiden Bauarten Tamns 886 und Tamns 893 erschienen 1986 und 1988 auf den Gleisen der DB.

Die 800 Tamns 895 wurden ab 1997 von der Waggonbau Niesky an die DB geliefert.

Wagenbau. Die Tamns 895 sind die ersten Rolldachwagen mit Drehgestellen der Bauart Y 25 Lsd mit Schraubenfedern. Vorher waren nur Drehgestelle mit Blattfedern verwendet worden.

Das geschweißte Untergestell ist aus unterschiedlichen Stahlprofilen und abgekanteten Blechen hergestellt. Es trägt das ebenfalls geschweißte Gerippe des Wagenkastens, das von innen mit Blechen verkleidet ist.

Eine zweiflügelige Drehtür pro Seite ermöglicht das Be- und Entladen von Rampen oder vom Boden aus.

Auf dem Obergurt sind die Führungsschienen des Rolldachs montiert. Das Dach besteht aus einer mit Spriegeln verstärkten Chemiefaser. Es kann über ein Handrad mit Untersetzungsgetriebe bewegt werden.

TECHNISCHE DATEN	
Länge über Puffer	14.040 mm
Achsstand	10.800 mm
Ladelänge	12.772 mm
Ladebreite	2.780 mm
Lastgrenze D4S	69.000 kg
Eigenmasse (Mittelwert)	20.500 kg
Höchstgeschwindigkeit (unbeladen)	120 km/h
Bremse	KE-GP-A
Erstes Baujahr	1997

Die ab 1998 beschafften Wagen der Bauart Tanoos 896 ergänzen den Bestand der Bauart Taoos-y 894. Sie sind etwa zwei Meter länger als ihre Vorgänger (31 80 069 1 434-1).

Der Bedarf an Selbstentladewagen mit Schwenkdach, speziell für den Kali-Transport, konnte mit den Umbauwagen der Bauart Taoos-y 894 nicht gedeckt werden. Deshalb beschaffte die DB ab 1998 die Neubauwagen Tannos 896.

Wagenbau. Für die Wagen wurden Drehgestelle der Bauart 681 verwendet, die in ihrem Aufbau mit rollengelagerten Radsätzen, H-Rahmen mit Kopfstücken und zweistufigen Schraubenfedern den Drehgestellen der Bauart Y 25 entsprechen.

Die Druckluftbremse Bauart KE-GP-A hat neben der automatischen Lastabbremsung einen Doppelbremszylinder, der seine Kraft über ein Gestänge auf die Bremsklötze überträgt.

Das geschweißte, aus Lang- und Querträgern bestehende Untergestell umschließt die vier Entladetrichter des Wagenkastens.

Der Wagenkasten aus korrosionsbeständigem Stahl wird nur unten durch drei Querwände in die vier Kammern geteilt, oben bildet er einen Raum. Durch die Entladeschieber kann das Ladegut zwischen die Gleise in Tiefbunker ausfließen. Die Schieber sind so konstruiert, dass der Entladevorgang nicht abgebrochen werden kann. Die Schieber werden paarweise mit Handrädern bedient.

Ein abgedichtetes Schwenkdach schließt die Beladeöffnung ab. Es wird von einer Bedienbühne aus manuell bewegt und bleibt auch in geöffnetem Zustand innerhalb des Umgrenzungsprofils, so dass die Wagen auch mit geöffnetem Dach bewegt werden können.

TECHNISCHE DATEN	
Länge über Puffer	15.800 mm
Achsstand	12.560 mm
Ladelänge	11.000 mm
Ladebreite	1.200 mm
Lastgrenze DS	66.000 kg
Eigenmasse (mittelwert)	24.000 kg
Höchstgeschwindigkeit (unbeladen)	120 km/h
Bremse	KE-GP-A
Erstes Baujahr	1998

Die sechsachsigen Haubenwagen der Bauart Sahimmns 900 ergänzen die vierachsigen Wagen der Bauart Shimmns 708 und sind für besonders schwere und große Blechrollen vorgesehen (31 80 487 6 201-3).

Fünf Jahre nach den vierachsigen Coil-Transportwagen der Bauart Shimmns 708 beschaffte die DB die sechsachsigen Fahrzeuge der Bauart Sahimms 900 zur Beförderung besonders großer und schwerer Blechrollen.

Entwicklung. Zunächst entstand 1981 ein Prototyp, der in Zusammenarbeit von LHB und Talbot entwickelt wurde. Der Serienbau von 300 Wagen begann erst 1984. Weitere 150 Stück wurden ab 1987 von der Waggonbau Niesky gebaut.

Wagenbau. Die dreiachsigen Drehgestelle gehören zur Bauart 713 und haben einen Achsstand von 2 x 1.700 mm. Blatttragfedern und einfache lange Schaken verbinden die rollengelagerten Radsätze mit den geschweißten Rahmen.

Die Bremse der Bauart Knorr KE-GP mit zwei Bremszylindern ist bei einigen Wagen um eine Feststellbremse ergänzt. Sie wirkt auf ein Drehgestell und wird mit einem Handrad vom Boden aus bedient.

Die Schraubenkupplung mit Zughaken kann gegen eine automatische Mittelpufferkupplung getauscht werden.

Das geschweißte Untergestell mit Lang-, Quer- und Kopfträgern bildet fünf Lademulden für kalte, witterungsempfindliche Blechrollen.

Vier auf Rollen laufende Stahlhauben geben jeweils rund 40 % der Ladelänge frei, indem die größeren, mittleren Hauben manuell über die kleinen äußeren geschoben werden. Die Verriegelungsmechanik ist am Langträger unter den Hauben zu finden. Dichtungen an den Stirnseiten der Hauben verhindern das Eindringen von Schmutz.

TECHNISCHE DATEN	
Länge über Puffer	15.000 mm
Achsstand	11.400 mm
Ladebreite	2.400 mm
Lastgrenze D4S	71.500 kg
Eigenmasse (Mittelwert)	33.000 kg
Höchstgeschwindigkeit (unbeladen)	120 km/h
Bremse	KE-GP
Erstes Baujahr	1981

Bei den sechsachsigen Wagen der Bauart Sahimmns 901 wurden die vier Stahlhauben gegen eine einteilige Gewebeplane ausgetauscht (31 80 487 7 048-7).

Vier Jahre nach den letzten sechsachsigen Coil-Transportwagen der Bauart Sahimms 900 mit vier Stahlhauben beschaffte die DB ab 1991 ähnliche Wagen mit einer einteiligen Gewebeplane für witterungsempfindliche Blechrollen.

Entwicklung. In ihrer Konstruktion entsprechen die 100 von Graaf in Elze gebauten Wagen den zur gleichen Zeit gefertigten offenen Coil-Transportwagen der Bauart Sahmms 711.

Wagenbau. Die dreiachsigen, geschweißten Drehgestelle der Bauart 714 haben neunlagige Blattfederpakete mit einfachen Schaken. Die Radsätze sind rollengelagert und haben einen Achsstand von 2 x 1.700 mm.

Für die Bremse wurde eine zweistufige, pneumatische und von Hand umzustellende Lastabbremsung gewählt. Zwei Bremszylinder bewegen die einfachen Bremsklötze. Bei einigen der Wagen wurde eine vom Boden aus zu bedienende Feststellbremse montiert.

Das Untergestell besteht aus zwei Außenlangträgern, mehreren Querträgern und den beiden Kopfstücken mit Zug- und Stoßvorrichtungen. Quer eingeschweißte Bleche bilden die sieben Lademulden für Blechrollen. Zwischen beiden Stirnwänden schließt eine einteilige, PVC-beschichtete Gewebeplane den Wagenkasten ab. Die an den Stirnseiten gedichtete Plane wird von 15 Rohrspriegeln in Form gehalten, die unten in Schienen auf den Langträgern laufen. Die Vierpunkt-Zentralverriegelung kann vom Boden oder von Laderampen aus bedient werden. Ist die Plane geöffnet, gibt sie ca. 2/3 der Ladefläche frei.

TECHNISCHE DATEN	
Länge über Puffer	16.400 mm
Achsstand	12.800 mm
Ladebreite	2.495 mm
Lastgrenze DS	70.000 kg
Eigenmasse (Mittelwert)	35.000 kg
Höchstgeschwindigkeit (unbeladen)	120 km/h
Bremse	KE-GP
Erstes Baujahr	1991

Zwei große Behälter mit einem Fassungsvermögen von 12,5 m³, 13,5 m³ oder 17 m³ kennzeichen die Staubgutwagen der Bauart Ucs (Ucs 908, 21 80 910 5 190-2).

Zur Beförderung staubförmiger Güter hatte die DB bis in die 1950er-Jahre Wagen mit Klappdeckeln im Bestand. Sie entsprachen aber nicht mehr den Anforderungen, weil die Güter zeit- und kraftaufwendig per Hand umgeladen werden mussten.

Entwicklung. Deshalb wurden spezielle Wagen für diese Güter entwickelt. 1953 lieferte Talbot zehn Wagen mit zwei großen Behältern, die von oben durch Dachluken beladen werden und mit Druckluft über Schlauchleitungen entladen werden können.

Die Wagen bewährten sich und von 1955 bis 1964 wurden über 1.000 der als Ucs 908 bezeichneten Wagen gebaut. Die ersten Behälter hatten ein Ladevolumen von 12,5 m³, jedoch wurden bald Behälter mit 13,5 m³ gewählt.

Parallel zu den Ucs 908 entstanden Fahrzeuge mit einem Ladevolumen von 2 x 17 m³. Wegen ihrer hohen Aufbauten dürfen die Ucs 909 im Ausland nur mit Sondergenehmigung eingesetzt werden.

Wagenbau. Die Laufwerke mit Monobloc-Radsätzen entsprechen den UIC-Vorgaben.

Die Knorr-Druckluft-Klotzbremse der Bauart KE-GP ist bei einigen Wagen um eine Handspindelbremse ergänzt.

Das diagonalsteife Untergestell setzt sich aus Walzprofilen zusammen.

Der Wagenkasten besteht aus zwei zylinderförmigen Behältern mit Druckmanometer und Sicherheitsventil, die oben und unten konisch zulaufen. Zum Öffnen der Domdeckel an der oberen Spitze müssen drei Knebelmuttern gelöst werden.

TECHNISCHE DATEN	
Länge über Puffer	8.450 mm
Achsstand	5.000 mm
Behälterdurchmesser	3.110 mm
Laderaum	25 oder 27 m²
Lastgrenze CS	29.100 kg
Eigenmasse (Mittelwert)	11.500 kg
Höchstgeschwindigkeit	100 km/h
Bremse	KE-GP
Erstes Baujahr	1955

Der verkehrsrote Anstrich ist inzwischen häufig bei den Wagen anzutreffen (Tdgs-y 930, 21 80 014 8 446-1).

Der Bedarf an Schüttgutwagen mit Schwenkdach konnte Anfang der 1960er-Jahre durch die vorhandenen Wagen nicht gedeckt werden, deshalb beschaffte die DB die Selbstentladewagen der Bauart Tds 930.

Entwicklung. Die hier beschriebenen Wagen unterscheiden sich von den Vorgängern Td 925 und Td 928 vor allem durch einen größeren Laderaum, der bei leichteren Schüttgütern eine bessere Ausnutzung der Lastgrenzen ermöglicht.

Wagenbau. Die Laufwerke haben rollengelagerte Monobloc-Radsätze nach UIC-Vorgaben. Doppelschaken und Blattfedern verbinden sie mit dem Untergestell.

Bei einigen wird die Druckluftbremse der Bauart Knorr KE-GP durch eine Feststellbremse ergänzt.

Das geschweißte Untergestell besteht aus Walzprofilen. An einem Ende ist eine Übergangsbühne.

Der Wagenkasten bildet unten zwei Trichter, die oben mit einem Oberkasten verbunden sind. Eine Wand teilt den Laderaum in zwei Kammern.

Die Entladeschieber am unteren Ende der Trichter werden mit Handhebeln von der Stirnbühne aus bedient.

Das einteilige Schwenkdach wird ebenfalls von der Stirnbühne aus über ein Handrad bedient werden und schwenkt nur auf eine Seite.

TECHNISCHE DATEN	
Länge über Puffer	9.640 mm
Achsstand	6.000 mm
Ladelänge	7.900 mm
Ladebreite	1.200 mm
Laderaum	38,0 m³
Lastgrenze CS	27.000 kg
Eigenmasse (Mittelwert)	13.000 kg
Höchstgeschwindigkeit (unbeladen)	120 km/h
Bremse	KE-GP
Erstes Baujahr	1962

Die Wagen der Bauart Tds 941 wurden 1994 aus dem Bestand der Deutschen Reichsbahn der DDR übernommen (Tdgs-z 941 21 80 014 2 395-1).

Auch die Deutsche Reichsbahn der DDR benötigte für ihre Getreide- und Schüttguttransporte zweiachsige Selbstentladewagen mit Schwenkdach.

Entwicklung. Die Beschaffung dieser Wagen bei der DR begann 1971 mit der Bauart Tds 935 und endete 1993 mit der Fertigung der Tds 940, 941 und 942. Bei diesen drei Bauarten handelt es sich aber nicht um neue Wagen. Es wurden verschlissenene Fahrzeuge der Bauarten Tds 936, 937 und 938 für den Weiterbetrieb aufgearbeitet. Die Bauarten unterscheiden sich voneinander hauptsächlich durch die Lieferfirmen und das Ladegut, das sie befördern dürfen.

Wagenbau. Alle Wagen laufen auf rollengelagerten Vollradsätzen mit Blatttragfedern und Doppelschaken.

Auch die KE-GP-Bremse ist allen gemeinsam. Eine Feststellbremse ist nur bei einem Teil der Wagen zu finden. Das Untergestell aus Stahlprofilen und Blechen trägt über senkrechte Stützbleche den trichterförmigen Wagenkasten.

Eine Querwand teilt den Wagenkasten unten in zwei Kammern, die in einem Entladeschieber auf jeder Längsseite enden. Die Schieber werden von der Entladebühne aus bedient und können in verschiedenen Öffnungswinkeln arretiert werden. Vor der Bühne aus lässt sich auch das einteilige Schwenkdach bewegen. Das geöffnete Dach bleibt innerhalb des Umgrenzungsprofils, so dass die Wagen auch in diesem Zustand verschoben werden dürfen.

TECHNISCHE DATEN	
Länge über Puffer	9.640 mm
Achsstand	6.000 mm
Ladelänge	8.000 mm
Ladebreite	1.200 mm
Laderaum	38,0 m³
Lastgrenze CS	26.500 kg
Eigenmasse (Mittelwert)	13.500 kg
Höchstgeschwindigkeit (unbeladen)	120 km/h
Bremse	KE-GP
Erstes Baujahr	1992

Die vierachsigen Selbstentladewagen der Bauart Tadgs 959 entstanden als Weiterentwicklung aus den zweiachsigen Fahrzeugen der Bauarten Tdgs (31 80 084 4 122-8).

Neben den zweiachsigen Selbstentladewagen mit verschließbarer Ladeöffnung der Bauart Tdgs stellte die DB ab 1972 auch vierachsige Wagen dieses Typs in Dienst.

Entwicklung. Schon 1970 wurde unter der Bezeichnung Tadgs 965 ein Prototyp abgeliefert, dem zwei Jahre später der erste Vorserienwagen der Tadgs 959 folgte.

Die Beschaffung der ersten Serie begann 1973, die letzten Wagen wurden 1985 ausgeliefert. Insgesamt wurden 1.386 Wagen Dienst gestellt.

Wagenbau. Die bis 1978 gebauten Wagen verfügen über zweiachsige Drehgestelle der Bauart Minden-Siegen 661 bzw. 661.1 mit Blattfedern und einfachen Langschaken. Später wurden Drehgestelle der Bauart Y 25 Cs mit Schraubenfedern verwendet.

Alle Wagen haben eine Knorr-Druckluftbremse der Bauart KE-GP mit einem Bremszylinder und manuell umzustellender Lastabbremsung.

Verschweißte Walzprofile bilden das Untergestell. An beiden Stirnseiten sind Entladebühnen mit Trittstufen und Geländer.

Im unteren Bereich besteht der Wagenkasten aus vier trichterförmigen Ladekammern, die sich im oberen Bereich zu einem einzigen Laderaum vereinigen. Jeder der Trichter verfügt über beidseitig angeordnete Entladeschieber, die über einen Handhebel und ein Gestänge von den Entladebühnen aus geöffnet und geschlossen werden können.

TECHNISCHE DATEN	
Länge über Puffer	21.640 mm
Achsstand	18.200 mm
Ladelänge	16.800 mm
Ladebreite	1.200 mm
Laderaum	80,0 m³
Lastgrenze CS	55.000 kg
Eigenmasse (Mittelwert)	25.000 kg
Höchstgeschwindigkeit (unbeladen)	120 km/h
Bremse	KE-GP
Erstes Baujahr	1972

Die meisten der ursprünglich braunen Wagen waren bereits ab Ende der 1990er-Jahre mit verkehrsroter Lackierung und den Aufschriften der DBCargo anzutreffen (Talns 968, 31 80 066 5 194-3).

Die ab 1981 gelieferte Bauart Tals 968 lehnt sich konstruktiv an die ebenfalls 1981 gelieferten offenen Schüttgutwagen der Bauart Fals 182 an und wird überwiegend im Kali-Verkehr eingesetzt.

Entwicklung. Schon nach kurzer Zeit zeigten sich Schäden durch das aggressive Ladegut. Deshalb orderte die DB 1984 drei Versuchsfahrzeuge mit Wagenkästen aus Edelstahl. Außerdem wurden an sechs Serienwagen Korrosionsschutzmaßnahmen durchgeführt.

Nach Auswertung der Versuche stellte die DB 1990 und 1991 50 als Talns 968.3 bezeichnete Wagen in Dienst, deren Wagenkasten aus normalem Stahl und Edelstahl hergestellt war.

Wagenbau. Die 1981 gebauten Wagen laufen auf Drehgestellen der Bauart 665 mit Parabelfedern. Für die ab 1991 gebauten Wagen wurden Drehgestelle der Bauarten 642 und 652 verwendet.

Die im Untergestell aufgehängte selbsttätige Druckluft-Bremsanlage der Bauart Knorr KE-GP hat eine zweistufige, mechanische und von Hand umzustellende Lastabbremsung. Ein Teil der Wagen hat eine Feststellbremse.

Die Stahlprofile des Untergestells tragen die Platten des sattelförmigen Bodens. Feste Stirnwände und der Oberkasten bilden den Wagenkasten. Ein Quersattel teilt den Laderaum in zwei Kammern.

Im unteren Bereich des Oberkastens sind an den Längsseiten je zwei Entladeklappen aufgehängt, die mit Daumenwellen verschlossen werden.

TECHNISCHE DATEN	
Länge über Puffer	12.540 mm
Achsstand	9.300 mm
Ladelänge	11.160 mm
Ladebreite	1.200 mm
Laderaum	71,5 m^3
Lastgrenze D4S	65.500 kg
Eigenmasse (Mittelwert)	25.000 kg
Höchstgeschwindigkeit (unbeladen)	120 km/h
Bremse	KE-GP
Erstes Baujahr	1981

Die Kuppelwagen der Bauart Us 996 stellen die Verbindung zwischen Fahrzeugen mit normaler Schraubenkupplung und automatischer Mittelpufferkupplung her (41 80 910 0 976).

1994 übernahm die DB AG auch so genannte Kuppelwagen von der Deutschen Reichsbahn der DDR. Die Wagen haben auf einer Seite eine automatische Mittelpufferkupplung und dienten zunächst als Verbindung zwischen deutschen Lokomotiven mit Schraubenkupplung und russischen Wagen mit Mittelpufferkupplung.

Entwicklung. Einsatzort war der Fährhafen Mukran, an dem die russischen Wagen per Schiff angeliefert wurden. Die Kuppelwagen wurden von der DB als Us 998 bezeichnet.

Ende der 1990er-Jahre ging der Fährverkehr immer weiter zurück, so dass ein Teil der Kuppelwagen nicht mehr gebraucht wurde. Deshalb ließ die DB bei einigen Fahrzeugen die russische Kupplung gegen eine automatische Mittelpufferkupplung der UIC-Bauart Intermat austauschen und reihte die Wagen als Us 996 ein. Die Wagen der Bauart Us 996.1 sind beiseitig mit dieser Kupplung ausgestattet.

Wagenbau. Weil alle Wagen zur gleichen Ursprungsbauart gehören, haben sie die gleiche technische Aussattung.

Die Laufwerke bestehen aus rollengelagerten Radsätzen mit Blatttragfedern und Doppelschaken.

Die Bremse entspricht der Bauart Knorr-KE-GP. Die Feststellbremse lässt sich mit einer Kurbel von der Endbühne aus bedienen.

Auf dem Untergestell aus Stahlprofilen stehen Traggerüste für die Ballastgewichte, damit die Wagen im Betrieb nicht entgleisen.

TECHNISCHE DATEN	
Länge über Puffer	10.265 mm
Achsstand	6.000 mm
Ladelänge	k. A.
Ladebreite	k. A.
Laderaum	k. A.
Lastgrenze	k. A.
Eigenmasse (Mittelwert)	14.200 kg
Höchstgeschwindigkeit	120 km/h
Bremse	KE-GP
Erstes Baujahr	1984

Anschriften an Reisezug- und Güterwagen

Das Jahr 1966 brachte eine grundlegende Veränderung in den Nummernsystemen für Reisezug- und Güterwagen verschiedener Bahnverwaltungen. Der zunehmende grenzüberschreitende Einsatz der Wagen und die Möglichkeit der elektronischen Datenverarbeitung erforderten ein nummerisches System, in dem jede Wagennummer nur einmal vorkommt. Deshalb verabschiedeten die UIC und die OSShD ein internationales Bezeichnungssystem, das sich aus einer elfstelligen Wagennummer und der zugehörigen Kontrollziffer zusammensetzt.

1. und 2. Ziffer: Austauschverfahren

50	Wagen ohne RIC
51	Wagen mit RIC, nicht klimatisiert, nicht Bahndienstwagen
60	Bahndienstwagen, Reisezugwagenbauart ohne RIC
61	Wagen mit RIC, klimatisiert, nicht Bahndienstwagen
63	Bahndienstwagen, Reisezugwagenbauart mit RIC
65	Autotransportwagen, Güterwagenbauart ohne RIC
70	Druckertüchtigte und klimatisierte Fahrzeuge des Binnenverkehrs
71	WL des internationalen TEN-Pools
73	Druckertüchtigte und klimatisierte RIC-Fahrzeuge

3. und 4. Ziffer: Eigentumsverwaltung

46	MThB	Mittelthurgaubahn (CH)
47	SOB	Südost-Bahn (CH)
48	BT	Bodensee-Toggenburg-Bahn (CH)
50	DR	Deutsche Reichsbahn der DDR (bis 1993)
51	PKP	Polnische Staatsbahnen
54	CD	Tschechische Bahnen
56	ZSR	Eisenbahnen der Slowakischen Republik
63	BLS	Berner Alpenbahn-Gesellschaft Bern – Lötschberg – Simplon
68	AAE	Ahaus-Alstätter Eisenbahn
80	DB	Deutsche Bundesbahn (bis 1993) Deutsche Bahn AG (ab 1994)
81	ÖBB	Österreichische Bundesbahnen
82	CFL	Luxemburgische Staatseisenbahn
83	FS	Italienische Staatsbahnen
84	NS	Niederländische Eisenbahnen AG
85	SBB	Schweizerische Bundesbahn
86	DSB	Dänische Staatsbahn
87	SNCF	Nationale Gesellschaft Französischer Eisenbahnen
88	SNCB	Nationale Gesellschaft der Belgischen Eisenbahnen

5. Ziffer

0	Post- und Privat- sowie Schlafwagen der CIWLT
1	Sitzwagen 1. Klasse
2	Sitzwagen 2. Klasse
3	Sitzwagen 1. und 2. Klasse
4	Liegewagen 1. Klasse, Liegewagen 1. und 2. Klasse
5	Liegewagen 2. Klasse
6	Schlafwagen
7	Schlafwagen und Wagen der Sonderbauarten
8	Wagen der Sonderbauarten
9	Reisezug-Gepäckwagen

6. Ziffer (in Klammern: 5. und 6. Ziffer)

0	Postwagen (00)
6	Schlafwagen, die noch nicht in den internationalen WL-Pool eingebracht und noch nicht für den nationalen Park kodifiziert sind (06)
7	Schlafwagen, die noch nicht in den internationalen WL-Pool eingebracht und noch nicht für den nationalen Park kodifiziert sind (07)

bei A-Wagen

0	10 Abteile (10)
7	7 Abteile (17)
8	8 Abteile (18)
9	9 Abteile (19)

bei B-Wagen

0	10 Abteile (20)
1	11 Abteile (21)
2	12 Abteile (22)
7	7 Abteile (27)
8	8 Abteile (28)
9	9 Abteile (29)

bei AB-Wagen

0	10 Abteile (30)
1	11 Abteile (31)
7	7 Abteile (37)
8	8 Abteile (38)
9	9 Abteile (39)

5. und 6. Ziffer

23	3-achsige Wagen 2. Klasse
26	doppelstöckige Wagen 2. Klasse
36	doppelstöckige Wagen 1. und 2. Klasse
43–45	Ac- und AcBc-Wagen
50–59	Bc-Wagen
71	WLAB-Wagen mit 33 Plätzen
72	WLAB-Wagen mit 36 Plätzen
75	WLABs-Wagen mit 20 Plätzen

81	AD-Wagen
82	BD-Wagen
84	AR-Wagen
85	BR-Wagen
88	WR-Wagen
89	WG- und WGS-Wagen
91	DPost-Wagen
92	D-Wagen
95	Ds-Wagen
96	2-achsige Autotransportwagen
97	3-achsige Autotransportwagen
98	4-achsige Autotransportwagen
99	Bahndienstwagen

7. Ziffer: Geschwindigkeit

0, 1, 2	bis 120 km/h
3, 4, 5, 6	bis 140 km/h
7, 8	bis 160 km/h
9	über 160 km/h

8. Ziffer (mit 7. Ziffer): Heizung

bis 120 km/h

00	a bis d
03, 04	a
05	b
06	a bis c
07	b und c
08	d
10	V, a bis d
11, 12, 13, 14, 15	V, a
16	V, a bis c
17	V, b und c
18, 19	V, d
20, 21, 22, 23, 24, 25	V
26, 27, 28	V, b
29	Eigenheizung

bis 140 km/h

30	a bis d
33, 34, 35	a
36	a bis c
37	b und c
38	d
39	a und b
40, 41, 42, 50, 51, 52	V, a bis d
43, 45, 53, 54	V, a
46, 56	V, a bis c
47, 57	V, b und c
48, 58	V, d
59	V, a und d
60 bis 68	V
69	Eigenheizung

bis 160 km/h

70	a bis d
73, 75	a
76	a bis c
77	b und c
78	d
80	V, a bis d
84	V
85	V, a
86	V, a bis c
87	V, b und c
88	V, d
89	Eigenheizung

über 160 km/h

90, 91	a bis d
94, 95	a
92	V, a bis d
93	V, a
96	a bis c
97	b und c
98	d
99	Eigenheizung

V	*Dampfheizung*
a	Wechselspannung 1.000 V, 16 2/3 Hz
b	Wechselspannung 1.500 V, 50 Hz
c	Gleichspannung 1.500 V
d	Gleichspannung 3.000 V

9. bis 11. Ziffer: laufende Nummer

12. Ziffer: Kontrollziffer für EDV

Gattungsbuchstaben und Kennbuchstaben bilden das Gattungszeichen. Gattungszeichen und dreistellige Bauartnummer geben die Wagenbauart wieder.

Reisezugwagen

Gattungsbuchstaben

A	Sitzwagen 1. Klasse
AB	Sitzwagen 1. und 2. Klasse
AR	Sitzwagen 1. Klasse mit Küche und Speiseraum
B	Sitzwagen 2. Klasse
Bc	Sitzwagen 2. Klasse mit Liegeeinrichtung (Couchette)
BD	Sitzwagen 2. Klasse mit Gepäckabteil
BR	Sitzwagen 2. Klasse mit Küche und Speiseraum
BS	Sitzwagen 2. Klasse mit Sondereinrichtungen

D	Gepäckwagen
D...*	Doppelstockwagen
DD	offener Doppelstock-Gepäckwagen für den Autotransport
K...*	Schmalspurwagen
MD	Gepäckwagen der Behelfsbauart, auch als Autotransportwagen
Post	Postwagen
Salon	Salonwagen
WG	Gesellschaftswagen (internationale Bezeichnung SR)
WL...*	Schlafwagen
WR	Speisewagen mit den Buchstaben A, B oder AB
WS	Speisewagen (Servicewagen)

**) wird nur vor anderen Gattungsbuchstaben verwendet, z.B. DAB, KB, WLB*

Kennbuchstaben

p	klimatisierte Fernverkehrs- und Nahverkehrswagen mit Großraum und Mittelgang
v	klimatisierte Fernverkehrswagen mit weniger als 10 A-, 12 B-, bzw. 5 A- (bei AB) oder 6 B- (Bei BD) Abteilen
o	nicht klimatisierte Fernverkehrswagen in Verbindung mit dem Kennbuchstaben m: weniger als 10 A-, 12 B- bzw. 5 A- (bei AB) oder 6 B- (bei BD) Abteile
i	Wagen für InterRegio in Verbindung mit dem Buchstaben m
c	Abteilwagen mit Sitzplätzen, die in Liegeplätze umgewandelt werden können
n	Nahverkehrswagen mit einer Länge von mehr als 24,5 m, Großraum mit Mittelgang in der 2. Klasse (12 fiktive Abteile), Mittelgang oder Seitengang in der 1. Klasse, zwei Mitteleinstiegen, geeignet für Wendezugbetrieb (36-polige Steuerleitung)
y	Nahverkehrswagen mit einer Länge von mehr als 24,5 m, Großraum mit Mittelgang in der 2. Klasse (11 fiktive Abteile), zwei Mitteleinstiegen, geeignet für Wendezugbetrieb
w	leichte vierachsige Reisezugwagen mit einer Länge von 18,7 m
x	S-Bahn-Wendezugwagen in Sonderbauart mit einer Länge von mindestens 24,5 m, Großraum mit Mittelgang in der 1. und 2. Klasse, zentraler elektrischer Energieversorgung aus der Zugsammelschiene, Mitteleinstiegen, Hochleistungsbremse der Bauart KE-GPR-A ep
m	Fernverkehrswagen mit einer Länge von mehr als 24,5 m mit 10 A, 12 B-, 5 B- (bei AB), 6 B- (bei BD) Abteilen
r	in Verbindung mit n und bei Bahnpostwagen: mit Hochleistungsbremse der Bauart KE-GPR-Rapidbremse
s	Seitengang in Gepäckwagen und Wagen mit Gepäckabteil oder Schlafwagen der Bauart Spezial
b	Spezialeinrichtung für Behinderte in Rollstühlen (einschließlich behindertengerechtem WC)
d	Wagen mit Einrichtung für Fahrradbeförderung oder Mehrzweckraum
k	Reisezugwagen mit: a) Speiseraum – Restaurant – zur Selbstbedienung bzw. Buffet-Abteil b) Wirtschafts- und/oder Küchenabteil bzw. Warenautomaten
h	Reisezugwagen mit elektrischen Einrichtungen, die sowohl von Achsgeneratoren als auch aus der Zugsammelschiene mit Energie versorgt werden können. Bei Beförderung mit E-Loks oder V-Loks mit elektrischer Energieversorgung ist die Zugsammelschiene unter Spannung zu setzen. Die Art der Energieversorgung der Heizung bzw. Klimaanlage – Einspannung, Mehrspannung bzw. Dampfheizung – ist maßgebend für den Einsatz der Wagen auf elektrifizierten und nicht elektrifizierten Strecken; übergangsweise für Nahverkehrswagen mit Mittelgang der Reichsbahnbauarten
u	Reisezugwagen für den Wendezugbetrieb, die mit einer 34-poligen Steuerleitung ausgerüstet sind
uu	Reisezugwagen für den Wendezugbetrieb, die mit einer 36-poligen Steuerleitung ausgerüstet sind (gilt nicht in Verbindung mit n)
z	Reisezugwagen mit zentraler elektrischer Energieversorgung aus der Hauptheizleitung – Zugsammelschiene
q	Wagen mit Führerstand für Wendezugbetrieb, die mit 34-poliger Steuerleitung ausgerüstet sind – Steuerwagen – (gilt nicht für moderni-

	sierte Fahrzeuge bis Baujahr 1991)
f	a) Wagen mit Führerstand für Wendezugbetrieb – Steuerwagen (mit 36-poliger Steuerleitung und/oder ZWS) b) in Verbindung mit u: Führerstand für 34-polige Steuerleitung und/oder ZWS
a	Reisezugwagen mit Einrichtungen, die den Betrieb des Abfertigungsverfahrens TAV = Technikbasiertes Abfertigungsverfahren ermöglichen

Die Kennbuchstaben sind in der oben genannten Reihenfolge zu verwenden, Ausnahmen in Verbindung mit AR, BR und bei WLABsm

Bremsbauarten

‹R›	Hochleistungsbremse nach UIC-Bedingungen
KE	selbsttätige Einkammer-Druckluftbremse Bauart Knorr mit Einheitswirkung für Schnellzüge
Kkpbr	Kunze-Knorr-Bremse für Personenzüge
O	selbsttätige Einkammer-Druckluftbremse Bauart Oerlikon
GPR	Umstellvorrichtung: Güterzug – Personenzug – Reisezug
A	automatische Lastabbremsung
Mg	Magnetschienenbremse
mZ	mit Zusatzbremse
(D)	Scheibenbremse
ep	elektropneumatische Bremse

Heizungsbauarten

Dhz	Dampfheizung
ElHz	elektrische Heizung
ElHzs	elektrische Heizung mit selbsttätiger Regelung
Hhzk	Hochdruckdampfheizung mit Klappenregelung
Klimae	Klimaanlage durch elektrischen Strom
Klimaeö	Klimaanlage durch elektrischen Strom und Ölfeuerung
Klimaeös	Klimaanlage durch elektrischen Strom und Ölfeuerung
Klimadeö	Klimaanlage durch Dampf, elektrischen Strom und Ölfeuerung
Lhze	Luftheizung durch elektrischen Strom
Lhzeö	Luftheizung durch elektrischen Strom und Ölfeuerung
Lhzes	Luftheizung durch elektrischen Strom mit selbsttätiger Regelung
Lhzde	Luftheizung durch Dampf und elektrischen Strom
Nkohzs	Niederdruckdampfkondensatheizung mit selbsttätiger Regelung
Whzdö	Warmwasserheizung durch Dampf und Ölfeuerung
Whzdeö	Warmwasserheizung durch Dampf, elektrischen Strom und Ölfeuerung
Whzdeös	Warmwasserheizung durch Dampf, elektrischen Strom und Ölfeuerung mit selbsttätiger Regelung
Whzdes	Warmwasserheizung durch Dampf und elektrischen Strom mit selbsttätiger Regelung
Whzes	Warmwasserheizung durch elektrischen Strom mit selbsttätiger Regelung

Güterwagen

Gattungsbuchstaben:

E	offene Wagen in Regelbauart
F	offene Wagen in Sonderbauart
G	gedeckte Wagen in Regelbauart
H	gedeckte Wagen in Sonderbauart
K	Flachwagen mit zwei Radsätzen in Regelbauart
L	Flachwagen mit unabhängigen Radsätzen in Sonderbauart
R	Drehgestell-Flachwagen in Regelbauart
S	Drehgestell-Flachwagen in Sonderbauart
T	Wagen mit öffnungsfähigem Dach
U	Sonderwagen
Z	Kesselwagen

Kennbuchstaben für alle Bauarten

a	mit vier Radsätzen (bei Einzelwagen)
aa	mit sechs oder mehr Radsätzen (bei Einzelwagen)
q	mit elektrischer Heizleitung für alle Stromarten
qq	mit elektrischer Heizleitung und -einrichtung für alle Stromarten
s	für „S“-Verkehr zugelassen (Höchstgeschwindigkeit 100 km/h)
ss	für „SS“-Verkehr zugelassen (Höchstgeschwindigkeit 120 km/h)

Die übrigen Kennbuchstaben der Güterwagen ändern je nach Gattungsbuchstabe ihre Bedeutung. Deshalb sind die zugehörigen Erklärungen hier nicht aufgelistet.

BILDNACHWEIS

Bombardier: 144
Domagalski, Dr. B.: 33, 60, 93, 100, 101, 102, 103, 104, 105, 133, 138, 140, 141, 147, 149, 150, 157, 162, 166, 172, 178, 179, 187
Dostal, M. alle nicht aufgeführten Aufahmen
Höltge, M.: 90
Jacobson C.-J.: 110
Maier, R.: 12, 117, 155, 174
Säuberlich, H.: 173
Schiffer, V: 143, 148, 171, 176, 177
Treutler, M.: 175
Weisbrod, M.: 120, 145